Karin Tischler

Informationsfusion für die kooperative Umfeldwahrnehmung vernetzter Fahrzeuge

Informationsfusion für die kooperative Umfeldwahrnehmung vernetzter Fahrzeuge

Schriftenreihe
**Institut für Mess- und Regelungstechnik,
Karlsruher Institut für Technologie (KIT)**
Band 029

Eine Übersicht über alle bisher in dieser Schriftenreihe erschienenen
Bände finden Sie am Ende des Buchs.

Informationsfusion für die kooperative Umfeldwahrnehmung vernetzter Fahrzeuge

von
Karin Tischler

KIT Scientific Publishing

Dissertation, Karlsruher Institut für Technologie (KIT)
Fakultät für Maschinenbau
Tag der mündlichen Prüfung: 05. Februar 2013
Referenten: Prof. Dr.-Ing. C. Stiller, Prof. Dr.-Ing. F. Puente León

Impressum

Scientific
Publishing

Karlsruher Institut für Technologie (KIT)
KIT Scientific Publishing
Straße am Forum 2
D-76131 Karlsruhe

KIT Scientific Publishing is a registered trademark of Karlsruhe
Institute of Technology. Reprint using the book cover is not allowed.

www.ksp.kit.edu

Print on Demand 2014

ISSN 1613-4214
ISBN 978-3-7315-0166-4
DOI: 10.5445/KSP/1000038048

Informationsfusion
für die kooperative Umfeldwahrnehmung
vernetzter Fahrzeuge

Zur Erlangung des akademischen Grades

Doktor der Ingenieurwissenschaften

der Fakultät für Maschinenbau
Karlsruher Institut für Technologie (KIT)
genehmigte

Dissertation

von

DIPL.-ING. KARIN TISCHLER

aus Aschaffenburg

Hauptreferent: Prof. Dr.-Ing. C. Stiller
Korreferent: Prof. Dr.-Ing. F. Puente León
Tag der mündlichen Prüfung: 05. Februar 2013

Vorwort

Die vorliegende Dissertation entstand aus meiner Tätigkeit als wissenschaftliche Mitarbeiterin am Institut für Mess- und Regelungstechnik des Karlsruher Instituts für Technologie (KIT).

Herrn Prof. Dr.-Ing. Christoph Stiller danke ich sehr herzlich für die gute Betreuung und das spannende wissenschaftliche Umfeld sowie die hilfreichen Hinweise, durch welche diese Arbeit gelingen konnte. Herrn Prof. Dr.-Ing. Fernando Puente León gilt mein Dank für das Interesse an meiner Arbeit und die Übernahme des Korreferats. Für die Übernahme des Prüfungsvorsitzes danke ich Frau Prof. Dr.-Ing. Bettina Frohnapfel. Außerdem bedanke ich mich bei Herrn Prof. Dr.-Ing. Franz Mesch für sein bereicherndes Interesse.

Die Forschungsarbeit war Teil des Landesforschungsschwerpunktprogramms Baden-Württemberg unter dem Titel *Systemarchitekturen zur Gewährleistung sicherer und Ressourcen schonender Mobilität im Straßenverkehr* und wurde durch das Ministerium für Wissenschaft, Forschung und Kunst, Baden-Württemberg (Az: 23-7532.24-12-19/3) unterstützt. Im weiteren Verlauf erfolgte die Förderung durch die Deutsche Forschungsgemeinschaft im Rahmen des Sonderforschungsbereichs/Transregio *Kognitive Automobile* (SFB/Tr28). Den Kollegen in den Forschungsprojekten danke ich für die konstruktive Zusammenarbeit, den wertvollen Gedankenaustausch und viele Anregungen.

Allen Kollegen des Instituts danke ich für die offene und hilfsbereite Arbeitsatmosphäre, anregende Diskussionen in den Kaffeepausen und interessante Sommerseminare. Gerne erinnere ich mich an die gute Bürogemeinschaft mit Andreas Kapp und Frank Moosmann. Für den grundlegenden Aufbau des Versuchsfahrzeugs danke ich Christian Hoffmann, Thao Dang und Frank Böhringer. Außerdem gilt mein Dank den Mitarbeitern des Sekretariats, der Werkstätten und Herrn Werner Paal für ihre tatkräftige Unterstützung in allen organisatorischen und technischen Belangen. Schließlich danke ich meinen studentischen Mitarbeitern für ihr Engagement im Rahmen der Studien- und Diplomarbeiten.

Ganz besonders danke ich Johannes Groß sowie meinen Eltern Juliane und Waldemar Tischler, die mich immer unterstützt haben.

Aschaffenburg, im Februar 2013 Karin Tischler

Kurzfassung

Für abgestimmte Entscheidungen und kooperative Handlungen mehrerer Fahrzeuge ist eine umfassende Wahrnehmung erforderlich. Über eine Fahrzeug-Fahrzeug-Kommunikation werden die Eigen- und Umfeldinformationen der kognitiven Fahrzeuge ausgetauscht, so dass auch andere Verkehrsteilnehmer wahrgenommen werden. Diese Arbeit untersucht Fusionsmethoden für eine konsistente Umfeldbeschreibung unter besonderer Beachtung von Inkonsistenzen.

Erster Schritt der Informationsfusion ist eine Registrierung der Daten in ein gemeinsames Koordinatensystem einschließlich Propagation der Unsicherheit. Voraussetzung ist eine genaue Lokalisierung der Sensorfahrzeuge in ein gemeinsames Koordinatensystem, in diesem Fall in globale Koordinaten. Hierzu wird eine Fusion aus absoluten GPS- und relativen Koppelnavigationsdaten implementiert und erprobt.

Die Fusion der verschiedenen Umfeldinformationen erfolgt dezentral in jedem kognitiven Fahrzeug über eine Kombination aus rekursiver Multi-Objekt-Verfolgung der Detektionen und gitterbasierter Karte. In einer Sichtbarkeitskarte werden die fahrzeugeigenen Sensoren mit ihren Sichtbereichen abgebildet. Dadurch können negative Sensorevidenzen beschrieben und über eine Prüfmatrix das Ausbleiben einer Detektion erkannt werden. Durch die Plausibilisierung gefundene Inkonsistenzen können über eine reduzierte Detektionswahrscheinlichkeit des Sensors oder eine reduzierte Existenzwahrscheinlichkeit des Objekts berücksichtigt werden. Das Fusionskonzept für eine konsistente Umfeldbeschreibung wurde erfolgreich implementiert und anhand von simulativ erzeugten Messdaten erprobt.

Schlagworte: Kooperative Fahrzeuge – Negative Sensorevidenz – Informationsfusion

Abstract

Common decisions and cooperative actions of multiple vehicles need a collaborative perception. Via a car-to-car communication cognitive vehicles will exchange their ego data and environmental information. Thereby, external participants of the traffic are integrated as well. This work examines information fusion methods to achieve a complete environmental perception recognising also inconsistencies.

A first fusion step is the registration of data in a common coordinate system that includes the propagation of uncertainty. Its precondition is an accurate localisation of the cognitive vehicles in a joint coordinate system, e.g. in global Cartesian coordinates. Therefore, a fusion approach for absolute data of GPS and relative data of a dead reckoning system is implemented and evaluated.

Different environmental information is fused locally in each cognitive vehicle combining a recursive multi-target tracking of detections with a grid-based mapping. A visibility map is created to show all sensors with their areas of view. Thus, negative sensor evidence can be formulated and missing detections are recognised by a check matrix. Finding an inconsistency in the plausibility check it results in a reduction of the detection probability of the sensor or the existence probability of the object. The fusion concept for a consistent perception is implemented successfully and evaluated with measurement data generated by a microscopic traffic simulation.

Keywords: cooperative vehicles – negative sensor evidence – data fusion

Inhaltsverzeichnis

Symbolverzeichnis

Abkürzungen

ACC	Adaptive Cruise Control
CCD	Charge-Coupled Device
cJPDA	cheap Joint Probabilistic Data Association
CMOS	Complementary Metal Oxide Semiconductor
DGPS	Differentielles (engl. *Differential*) GPS
EGNOS	European Geostationary Navigation Overlay Service
EKF	Erweitertes Kalman-Filter
ESKF	Error State Kalman-Filter
FMCW	Frequency Modulated Continuous Wave
GPS	Global Positioning System
GNSS	Globales Navigationssatellitensystem
IMM	Interacting Multiple Model
IMU	Inertial Measurement Unit
IR	Infrarot
JPDA	Joint Probabilistic Data Association
LRR	Long Range Radar, Fernbereichsradar
KF	Kalman-Filter
MRT	Institut für Mess- und Regelungstechnik
QoS	Quality of Service
Radar	Radio Detecting and Ranging
SBAS	Satellite Based Augmentation System
SRR	Short Range Radar, Nahbereichsradar
UMTS	Universal Mobile Telecommunications System
UTC	coordinated universal time
UTM	universale transversale Mercator(-Projektion)
WGS84	World Geodetic System 1984
WLAN	Wireless Local Area Network

Notationsvereinbarungen

Skalare	kursiv, klein: $a, b, c, \dots$
Vektoren	fett, nicht kursiv, klein: $\mathbf{a}, \mathbf{b}, \mathbf{c}, \dots$
Matrizen	fett, nicht kursiv, groß: $\mathbf{A}, \mathbf{B}, \mathbf{C}, \dots$
Mengen	kalligraphisch, groß: $\mathcal{A}, \mathcal{B}, \mathcal{C}, \dots$
Konstanten, Bezeichner	nicht kursiv: a, b, c, $\dots$

Symbole

$\tilde{z}$	Messwert von z
$\hat{x}$	Schätzwert von x
$\bar{x}$	Arbeitspunkt von x
$\mathbf{x}^{\mathrm{T}}$	Transposition des Vektors $\mathbf{x}$
$\propto$	Proportionalität
$\mapsto$	Abbildung
$:=$	Definition
$\oplus$	Verknüpfungsoperator
$\ominus$	Inverser Verknüpfungsoperator
$\varnothing$	leere Menge
$\lvert . \rvert$	Mächtigkeit einer Menge, Betrag einer komplexen Zahl
d_{M}	Mahalanobis-Distanz
$\mathrm{E}\{.\}$	Erwartungswert
$f(.)$	allgemeine Funktion, Verteilungsdichtefunktion
$\mathbf{I}$	Einheitsmatrix
$\mathbf{J}$	Jacobi-Matrix
$\mathbf{x} = (x, y)^{\mathrm{T}}$	Ortsvektor
ε	kleine Konstante
$\xi = (\xi, \eta)^{\mathrm{T}}$	Ortsvektor
K	Koordinatensystem
Φ	Wankwinkel
Ψ	Gierwinkel
Θ	Nickwinkel

1 Einleitung

Die Weiterentwicklung der technischen Möglichkeiten hat in den letzten Jahren zu einer Vielzahl von Fahrerassistenzfunktionen im Automobilbereich geführt. Die Erhöhung der Sicherheit im Straßenverkehr ist ein wichtiges Ziel der Wirtschaft und Politik. Durch unterschiedliche Maßnahmen konnten die Unfallzahlen in den letzten Jahren gesenkt werden. In der Europäischen Union sind pro Jahr aber immer noch mehr als 1 Mio. Unfälle mit Personenschaden zu verzeichnen, davon verliefen ca. 35.000 tödlich. Da mehr als 90% der Unfälle auf menschliches Versagen zurückzuführen sind, werden technische Unterstützungen des Fahrers angestrebt. Die ersten Funktionen basierten auf Sensoren zur Erfassung des eigenen Systemzustands anhand weniger Messgrößen. Antiblockiersysteme und nachfolgend umfangreiche elektronische Stabilitätsprogramme greifen direkt in die Fahrdynamik ein, um damit die Sicherheit zu erhöhen.

Für die Wahrnehmung des Fahrzeugumfelds kommen Sensoren wie Kameras, Radar, Laserscanner oder Ultraschall hinzu. Diese ermöglichen weitere Funktionen, die den Fahrer unterstützen und entlasten, ihn warnen oder auch regelnd eingreifen. Dabei gibt es unterschiedliche Stufen des Eingriffs hinsichtlich Komplexität und Kritikalität. So ist beim Einparken die informative Unterstützung des Fahrers durch ein Abstandssignal Standard geworden. Darüber hinaus werden inzwischen Parkassistenten angeboten, die typische Parklücken vermessen und eine optimale Trajektorie planen können. Der Fahrer steuert noch die Geschwindigkeit des Einparkvorgangs, wodurch er die Verantwortung über den Vorgang behält.

Ähnlich ist die Entwicklung im Bereich der Fahrgeschwindigkeitssteuerung. Der Fahrer konnte mit dem Tempomat zunächst eine konstante Geschwindigkeit einstellen. Basierend auf einem Radarsensor mit hoher Reichweite wurde die Funktion mit einer Abstandsregelung zur adaptiven Geschwindigkeitsregelung, *Adaptive Cruise Control* (ACC) verbunden und der Komfort damit deutlich erhöht. Sind die Geschwindigkeitsdifferenz und der Abstand zum vorderen Fahrzeug oder einem anderen Objekt zuverlässig bekannt, lässt sich auch ein Notbremsassistent anbieten. Dabei wird die Sicherheitsfunktion je nach Kritikalität und Reifegrad der Entwicklung als passive Warnung für den Fahrer ausgeführt, das Bremsen des Fahrers verstärkt oder es erfolgt sogar ein aktiver Bremseingriff.

Ein sogenanntes *kognitives Fahrzeug* erfasst seinen eigenen Zustand und sein Umfeld über Sensorik. Es generiert aus den Messdaten ein möglichst umfassendes

Verständnis der Situation. Auf dieser Basis kann es sein künftiges Verhalten planen und daraus Handlungen ableiten. Für eine derartige Wahrnehmung im Fahrzeug sind Sensoren mit verschiedenen Messprinzipien erforderlich, durch die der eigene Zustand lokal und in der Welt, aber auch das Fahrzeugumfeld erfasst werden. Ein zusätzlicher Nutzen lässt sich über die Fusion der Sensordaten erreichen, die neue Erkenntnisse liefert oder eine höhere Zuverlässigkeit ermöglicht. Damit kann teilweise ein teurer, aufwändiger Sensor durch mehrere einfache ersetzt werden.

Eine weitere Dimension für Fahrerassistenzfunktionen eröffnet der Fortschritt der Kommunikationsmöglichkeiten. Durch eine Datenvernetzung lassen sich die in einzelnen kognitiven Fahrzeugen vorhandenen Informationen austauschen und gemeinsam nutzen, wie exemplarisch in Bild 1.1 dargestellt. Den vernetzten Fahrzeugen eröffnen sich neue Möglichkeiten durch Informationen, die mit der eigenen Sensorik nicht zu erfassen wären, z. B. aus entfernten oder verdeckten Bereichen. Es können Informationen über den eigenen Zustand bis hin zum geplanten Verhalten in hoher Güte zur Verfügung gestellt werden. Werden zusätzlich Umfeldinformationen weitergegeben, lassen sich auch nicht vernetzte Verkehrsteilnehmer erfassen. Das einzelne kognitive Fahrzeug erweitert damit seinen Horizont der Wahrnehmung. In überlappenden Messbereichen können redundante Informationen vorliegen, die sich auf Plausibilität prüfen lassen. Durch die fahrzeugübergreifende Fusion der Informationen entsteht eine gemeinsame, *kooperative Wahrnehmung* der Situation, die von den fahrzeugeigenen Assistenzfunktionen genutzt werden kann.

Mit zunehmender Verkehrsdichte rückt die Effizienz des Straßenverkehrs in den Vordergrund. Immer häufiger sind Verkehrsteilnehmer von Staus und den damit zusammenhängenden Kosten betroffen. Um die Effizienz zu erhöhen, muss die Gesamtheit der Verkehrsteilnehmer besser koordiniert werden. Hierzu werden Informations- und Verkehrsregelsysteme genutzt. Die Information der Fahrer über Staus und Umleitungsempfehlungen ist durch die erweiterte Nutzung moderner Kommunikations- und Navigationsgeräte deutlich aktueller und genauer geworden. Daneben bewährt sich die Regelung des Verkehrsflusses über Infrastrukturmaßnahmen wie z. B. bedarfsgesteuerte Ampeln oder der Verkehrsdichte angepasste Geschwindigkeitsbeschränkungen. Da sich die Effizienz hauptsächlich durch eine bessere Kooperation der Verkehrsteilnehmer steigern lässt, ist auch ein direkter Austausch zwischen Fahrzeugen sinnvoll. Neben den oben bereits erwähnten Sensordaten könnten vernetzte Fahrzeuge in Zukunft ihre Planungen austauschen und sich auf ein abgestimmtes, kooperatives Verhalten einigen. Dies kann im Rahmen eines kurzfristigen Austauschs geschehen, z. B. an einer Kreuzung. Legen Fahrzeuge längere Abschnitte gemeinsam zurück, könnten sie auch eine feste kooperative Gruppe bilden und gemeinsame Handlungsstrategien entwickeln.

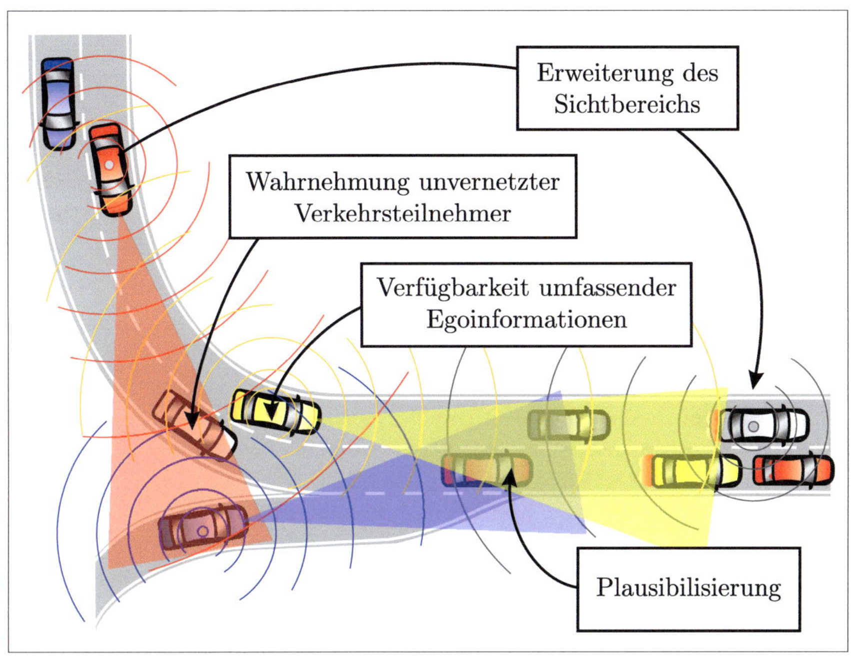

Bild 1.1: Das Beispielszenario zeigt den Mehrwert der kooperativen Wahrnehmung in einer Verkehrssituation mit gemischten Teilnehmern [Tis08].

In Bild 1.2 ist dargestellt, wie durch eine kooperative Gruppe ein Überholmanöver sicherer gestaltet werden kann.

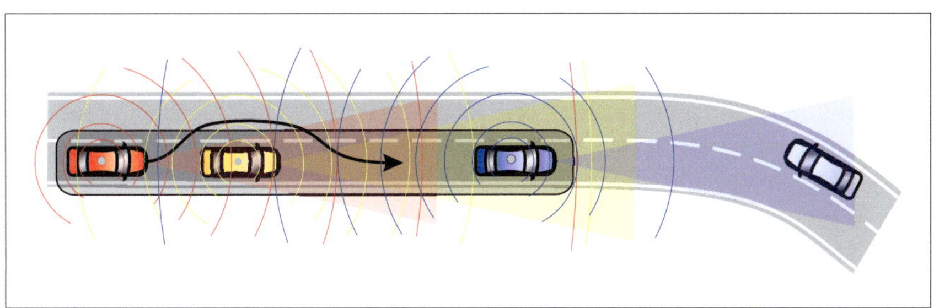

Bild 1.2: Beispielszenario eines Überholmanövers einer kooperativen Gruppe.

Das hintere Fahrzeug erhält vom mittleren eine Aussage über den Abstand zum vorderen Fahrzeug. Zusätzlich bekommt es von dem vorderen Fahrzeug Informationen über ein entgegenkommendes Fahrzeug, das nicht mit Kommunikationsmitteln ausgestattet ist. Durch die kooperative Wahrnehmung wird einer Kollision vorgebeugt. Ein abgestimmtes Verhalten der Gruppe könnte das Manöver weiterhin unterstützen, z. B. indem das mittlere Fahrzeug seine Geschwindigkeit während des Überholvorgangs reduziert.

1.1　Ziele der Arbeit

Die kooperative Umfeldwahrnehmung bildet eine wichtige Informationsbasis für viele Ansätze des kooperativen Fahrens. Zielsetzung dieser Arbeit ist die Entwicklung einer Vorgehensweise zur Informationsfusion, mit der sich aus den Sensordaten mehrerer kognitiver Fahrzeuge eine gemeinsame, konsistente Umfeldbeschreibung generieren lässt. Für die Konzeption gelten folgende Anforderungen:

- Das Fusionskonzept ist für ein Sensornetz zu entwickeln, das sich am realen Straßenverkehr orientiert und daher als heterogen, verteilt, mobil und variabel beschrieben wird. Dabei sollen Sensoren zum Einsatz kommen, die üblicherweise im Automobilbereich verwendet werden.

- Die kooperative Umfeldbeschreibung soll jeweils aktuell vorliegen, weshalb eingehende Informationen kontinuierlich verarbeitet werden müssen. Angaben über Objekte sind mit einem Unsicherheitswert zu versehen, anhand dessen sie bei einer späteren Ableitung von Handlungen bewerten werden können.

- Durch die Zusammenführung und Registrierung der Daten in gemeinsame Koordinaten darf die Unsicherheit der Information nur bedingt zunehmen, um ihre Aussagekraft zu erhalten.

- Die Verfahren sollen eine hohe Robustheit gegenüber fehlenden Informationen, z. B. durch Sensorausfälle oder Übertragungsfehler, aufweisen und letztlich eine konsistente Umfeldbeschreibung liefern.

Nach der Datenaufnahme durch Ego- und Umfeldsensorik ist der erste Schritt für eine kooperative Wahrnehmung die Lokalisierung und Registrierung der einzelnen Sensorfahrzeuge zueinander. Im Fall des Straßenverkehrs bietet sich eine globale Ortung an, da der Aktionsraum nicht eng begrenzt ist. Die Güte der Lokalisierung ist maßgeblich für die Unsicherheit der weitergegebenen Daten. Daher wird ein Verfahren zur Sensordatenfusion vorgeschlagen, das GPS mit einem Koppel-navigationssystem verbindet. Anhand von Egosensordaten aus Messfahrten mit einem Versuchsfahrzeug wird die Lokalisierung überprüft. Zur weiteren Verarbeitung müssen alle Informationen in ein gemeinsames Koordinatensystem überführt werden, wobei die Ungenauigkeiten der einzelnen Messdaten zusammenkommen. Für die räumliche Registrierung wird daher ein Verfahren vorgeschlagen, das einen möglichst geringen Anstieg der Unsicherheit bewirkt.

Der Schwerpunkt dieser Arbeit liegt auf der Untersuchung von Verfahren der Informationsfusion. Die Kommunikationsmittel im Allgemeinen und speziell die Kommunikation im Verkehrsbereich machen rasche Fortschritte. Nach Betrachtung des Forschungsstands wird für diese Arbeit davon ausgegangen, dass in der Zukunft reale Lösungen zur Verfügung stehen, die einen hinreichenden Datenaustausch ermöglichen. Unter dieser Annahme werden nur Vorschläge zum prinzipiellen Vorgehen gemacht und einige Regeln für die Vernetzung der Fahrzeuge aufgestellt.

Kern der Arbeit ist das Fusionskonzept für die kooperative Umfeldbeschreibung. Dieses ist in einer dezentralen Struktur angelegt, in der jedes kognitive Fahrzeug kontinuierlich seine eigenen mit den Informationen anderer Fahrzeuge fusioniert. Durch die dezentrale Struktur kann es die Verbindung zu anderen Verkehrsteilnehmern jederzeit lösen. Eine wichtige Rolle in der Beschreibung spielt die Einführung der negativen Sensorevidenz, mit der das Ausbleiben einer Detektion explizit bei der Fusion berücksichtigt werden kann. Hierzu wird ein kombinierter Ansatz aus Verfolgung und gitterbasierter Umfeldbeschreibung vorgestellt. Auf diese Weise können Inkonsistenzen in den unterschiedlichen Messdaten beschrieben und die Plausibilierung verbessert werden.

Im Ergebnis liefert die Fusion kontinuierlich eine umfassende, gemeinsame Umfeldbeschreibung der verfolgten Objekte in einer gitterbasierten Darstellung. Für die Erprobung des Gesamtkonzepts in unterschiedlichen Verkehrssituationen wird eine Simulation zur Generierung realitätsnaher Sensordaten aufgebaut. Damit lassen sich die Charakteristiken verschiedener Sensoren abbilden. Die Validierung der Simulation erfolgt mit einer entsprechenden Sensorparametrierung anhand von Messdaten aus dem Versuchsfahrzeug.

1.2   Einordnung der Arbeit

Im Bereich der Fahrerassistenzsysteme gibt es eine aktive internationale Forschungslandschaft. Während sich die meisten Arbeiten zunächst auf das einzelne Fahrzeug konzentrierten, nehmen inzwischen Untersuchungen kooperativer Anwendungen zu. Die reale Umsetzung erfordert allerdings mehrere umfassend ausgestattete Fahrzeuge und ist entsprechend aufwändig. Um praktische Untersuchungen zum kooperativen Fahren durchführen zu können, wird in vielen Projekten zunächst mit vereinfachenden, idealisierten Rahmenbedingungen gearbeitet. Die Implementierung von Funktionen erfolgt innerhalb eines geschützten Verkehrsraums. So werden die Teilnehmer einer kooperativen Gruppe einmalig festgelegt und gegebenenfalls keine weiteren Verkehrsteilnehmer zugelassen. Die kognitiven Fahrzeuge besitzen alle die gleiche Ausstattung, teilweise sogar eine gemeinsame Zielsetzung. Zur automatisierten Kolonnenfahrt, *engl. Platooning*, von der man sich eine höhere Effizienz z. B. auf Autobahnen verspricht, gab es bereits in den frühen 1980er-Jahren erste Versuche in Japan. Später zeigten die Projekte *PATH* und *CHAUFFEUR* Ansätze einer elektronischen Kopplung von Fahrzeugen zur Folgefahrt [Hed94], [Geh97], [Bon03].

Mit der Entwicklung neuer, leistungsfähiger Kommunikationsnetze eröffnen sich neue Möglichkeiten der Kooperation. Im Rahmen von *Cartalk 2000* wurden daher erste Fahrerassistenzfunktionen basierend auf der Kommunikation zwischen Fahrzeugen betrachtet [Rei02]. Auch im Projekt *FleetNet* wurden Anwendungen für ein drahtloses ad-hoc-Netz zwischen Fahrzeugen entwickelt [Enk03], [Fra05]. Dazu gehört die sicherheitsrelevante kooperative Fahrerassistenz mit der Warnung vor lokalen Einzelereignissen wie Unfällen aufgrund von Einzelfahrzeugdaten. Die Auswertung von Verkehrsdaten liefert regional relevante Hinweise für den Verkehrsfluss wie z. B. schlechte Sicht- und Straßenverhältnisse. Die Kolonnenbildung für kooperative Manöver wird bei *FleetNet* als ein Sonderfall der Gruppenkommunikation betrachtet [Châ06].

Das Projekt *PReVENT* fasst Aktivitäten zusammen, die durch eine angepasste, vorausschauende Fahrweise die Sicherheit erhöhen sollen. Als relativ einfache, aber effektive Anwendung werden Warnungen vor einem lokalen Hindernis oder Baustellen weitergegeben [Mit10]. Da es sich um Informationen mit langer zeitlicher Gültigkeit und fester Position handelt, ist eine Übertragung mit größerer Totzeit und eine Registrierung mit Genauigkeiten im Meterbereich bereits ausreichend. Mit Anwendungen der Kreuzungsassistenz beschäftigen sich das Unterprojekt *INTERSAFE* [Che07], aber auch weitere Forschungsprojekte wie [Ben05] oder *INVENT*. Ein Informationsaustausch zwischen Fahrzeugen und Infrastruktur wurde außerdem in Projekten wie *SAFESPOT*, *COOPERS* und *CVIS* untersucht.

Allerdings sind flächendeckende Installationen aufwändig und erfordern zusätzlich Standardisierungen und Abstimmungen mit vielen Beteiligten. Ein Austausch zwischen Fahrzeugen, auch *Car-2-Car* genannt, wie er in dieser Arbeit untersucht wird, lässt sich dagegen mit der Fahrzeugflotte einführen. Projekte wie *WILLWARN* konzentrieren sich dabei zunächst auf Verfahren ohne Registrierung und Austausch von Umgebungsinformationen [Hil05].

Diese Arbeit entstand im Rahmen des interdisziplinären Sonderforschungsbereichs Transregio *Kognitive Automobile* (2006-2010), der die maschinelle Kognition am Beispiel der automobilen Anwendung erforschte. Ein Schwerpunkt bildet die Wahrnehmung und daraus abgeleitet kooperatives Handeln autonomer Fahrzeuge, beispielsweise für gemeinsame Überholmanöver oder in Notsituationen [Sti07]. Dazu werden auch Methoden zur Bildung und Auflösung von ad-hoc-Gruppen vorgestellt [Fre07]. Durch die Einbeziehung der Umgebungssensorik wie in dem hier vorgeschlagenen Fusionsansatz kann eine kooperative Wahrnehmung bereits bei geringerer Ausstattungsrate nutzbringend eingesetzt werden. Voraussetzung ist eine genaue Lokalisierung und anschließende Registrierung der Sensordaten in ein gemeinsames Koordinatensystem, wozu diese Arbeit Ansätze vorstellt. Ähnliche Fusionsansätze, insbesondere zur Überbrückung von GPS-Ausfällen, werden auch für Bahnanwendungen untersucht [Böh06]. Im Schienenverkehr hat die Lokalisierung allerdings weniger Freiheitsgrade und es werden teilweise andere Sensoren verwendet.

Viele Verfahren, die im Bereich der Fahrerassistenz zum Einsatz kommen, stammen ursprünglich aus Anwendungen der Robotik. Die z. B. für den *RoboCup* entwickelten Strategien lassen sich aber nicht direkt auf kooperative Fahrzeuge im Straßenverkehr übertragen, denn die Teilnehmer bewegen sich dort zwar gemäß vereinbarter Regeln, ansonsten aber unabhängig voneinander und mit verschiedenen Zielsetzungen. Außerdem befinden sie sich im Straßenverkehr in einer offenen Umgebung mit unterschiedlichen anderen Beteiligten. Ihr Aktionsradius ist räumlich nicht begrenzt, so dass die Zusammensetzung der Teilnehmer innerhalb eines bestimmten (Kommunikations-)Bereichs beliebig variieren kann. Zusätzlich werden die Fahrzeuge in der Praxis eine heterogene Ausstattung mit Sensorik und Aktorik besitzen. Mit dem entwickelten Fusionskonzept werden die Bedingungen des realen Straßenverkehrs aufgegriffen. Da die Verkehrsteilnehmer unabhängig voneinander agieren, wird eine dezentrale Fusionsstruktur gewählt. Über eine Fahrzeug-Fahrzeug-Kommunikation bilden sie ein heterogenes, variables Sensornetz, dessen Informationen zu einer konsistenten Umfeldbeschreibung fusioniert werden. Dazu wird in dieser Arbeit die negative Sensorevidenz eingeführt, deren Vorstellung in der Robotik entstand und dort z. B. im SLAM-Prozess (*Simultaneous Localization And Mapping*) verwendet wird [Thr05].

1.3   Gliederung der Arbeit

Die vorliegende Arbeit ist folgendermaßen gegliedert:

- **Kapitel 2** beschreibt die Grundlagen der Informationsfusion, auf deren Basis das Fusionskonzept zur kooperativen Wahrnehmung entwickelt wurde. Ein weiterer Schwerpunkt liegt auf Methoden zur parameterbasierten Zustandsschätzung und Objektverfolgung. Daneben werden gitterbasierte Verfahren betrachtet und die Idee der negativen Sensorevidenz vorgestellt.

- **Kapitel 3** erläutert die Modellierung der kognitiven Fahrzeuge sowie ihre Sensorik zur Wahrnehmung des eigenen Zustands und ihres Umfelds. Für die vernetzte Wahrnehmung ist eine genaue Lokalisierung der Sensorfahrzeuge wichtig. Hierzu soll ein Ortungsmodul bestehend aus GPS und Koppelnavigationsensorik verwendet werden. Um die absoluten Positionsdaten des GPS mit den in hoher Taktrate vorliegenden Daten des Odometers und Gyroskop zu fusionieren, wird eine kaskadierende Kalman-Filterung vorgeschlagen und erprobt.

- **Kapitel 4** stellt das entwickelte Fusionskonzept zur vernetzten Wahrnehmung dar. Zunächst müssen die Informationen aller Sensorfahrzeuge in einem gemeinsamen zeitlichen und räumlichen System registriert werden. Dabei sollen die Unsicherheiten möglichst wenig erhöht werden, um die Aussagekraft der Messungen zu erhalten.
  Die Fahrzeug-Fahrzeug-Kommunikation wird für die konzeptionellen Überlegungen dieser Arbeit als ausreichend vorausgesetzt. Daher wird der Stand der Forschung erläutert und einige Grundregeln abgeleitet.
  Anschließend wird das entwickelte Fusionskonzept für die kooperative Umfeldwahrnehmung mit mehreren vernetzten Fahrzeugen beschrieben, das auch Inkonsistenzen erkennen und lösen soll. Im Kern handelt es sich um eine Kombination aus parameterbasierter Verfolgung und gitterbasiertem Umfeldmodell. Nach der Datenassoziation über das *cheap-Joint-Probabilistic-Data-Association-Filter* findet die rekursive Multi-Objekt-Verfolgung durch mehrere Kalman-Filter statt. Über eine Sichtbarkeitskarte können negative Sensorevidenzen abgebildet werden, so dass sich Inkonsistenzen durch eine Plausibilisierung erkennen lassen. Eine Auflösung erfolgt über Anpassung der sensorspezifischen Detektionswahrscheinlichkeit bzw. der Existenzwahrscheinlichkeit des detektierten Objekts, so dass schließlich eine konsistente Repräsentation des Umfelds entsteht.

- **Kapitel 5** erläutert die Implementierung des entwickelten Fusionskonzepts und zeigt die Erprobung anhand ausgewählter Szenarien. Dazu wird eine

Simulationsumgebung vorgestellt, mit der Verkehrszenarien und daraus realitätsnahe Messdaten generiert werden können. Die Erprobung zeigt eine funktionierende Implementierung des Konzepts. Die negative Sensorevidenz bietet wichtige Informationen für die Plausibilisierung der kooperativen Wahrnehmung und trägt zu einer konsistenten Umfeldbeschreibung bei. Diese kann als Basis für abgestimmte Entscheidungen und Handlungen dienen.

- **Kapitel 6** fasst die wesentlichen Ergebnisse der Arbeit zusammen und gibt einen Ausblick auf zukünftige Entwicklungen.

2 Grundlagen der Informationsfusion

In diesem Kapitel werden die Grundlagen der Informationsfusion aus dem Stand der Technik erläutert, auf deren Basis das Fusionskonzept zur kooperativen Wahrnehmung entwickelt wurde. Dies beinhaltet auch die parameterbasierte Zustandsschätzung und Objektverfolgung. Daneben werden gitterbasierte Verfahren betrachtet und die Idee der negativen Sensorevidenz vorgestellt.

2.1 Begriffe und Methoden der Informationsfusion

Informationsfusion beschreibt die Kombination von Daten verschiedener Sensoren sowie Informationen aus unterschiedlichen Verarbeitungsstufen, Datenbanken oder Vorwissen zu einer gemeinsamen Darstellung [Luo89]. Durch die Nutzung verschiedener Informationsquellen wird eine verbesserte Schätzung und Vorhersage des Zustands von Objekten und Systemen möglich. Die teilweise synonym verwendete Sensordatenfusion konzentriert sich auf die Verarbeitung der von Sensoren gewonnenen Information. In den folgenden Abschnitten werden die für diese Arbeit relevanten Begriffe und Ansätze der Informationsfusion aus der Literatur vorgestellt.

2.1.1 Fusionsansätze

Eine Informationsfusion kann auf unterschiedlichen Ebenen stattfinden. Auf unterer Ebene werden entweder vergleichbare Signale, daraus gewonnene Merkmale oder symbolische Objektbeschreibungen fusioniert (*Low-Level-Fusion*). Der erste Schritt der Fusion ist eine gemeinsame Registrierung und die Assoziation der Daten. Die Fusion auf Situations- oder Entscheidungsebene bedeutet einen höheren Abstraktionsgrad (*High-Level-Fusion*). Die Effizienz bei höherer Abstraktion ist mit der Gefahr des Informationsverlusts verbunden.

2.1.1.1 Modelle der Fusion

Zur Charakterisierung der Fusionsansätze sind verschiedene Modelle gebräuchlich, die sich beispielsweise auf den Abstraktionsgrad, die Zielsetzung der Fusion, den Anwendungsbereich oder die Sensorkonfiguration beziehen.

Das häufig verwendete JDL-Modell[1] der Datenfusion unterscheidet mehrere Stufen der Verarbeitung und Verdichtung von Information in unterschiedlich komplexen Räumen [Kok93]. Mit Anpassungen wird es wie in Bild 2.1 dargestellt, wobei die Reihenfolge der Ebenen den Abstraktionsgrad wiedergibt und keine zeitliche Abfolge festlegt [Lli04]. Nach der Vorverarbeitung der Sensordaten gehört zur Objekterkennung auf Ebene 1 die Registrierung der Daten in ein gemeinsames Koordinatensystem, die Assoziation der Detektionen, die zeitliche Verfolgung der Objekte und gegebenenfalls ihre Klassifikation. Aus der erhaltenen Umfeldbeschreibung kann in Ebene 2 die Situation erkannt werden, aus der sich in Ebene 3 Gefahren ableiten lassen. Ebene 4 repräsentiert die übergeordnete Ablaufsteuerung zur Prozessoptimierung.

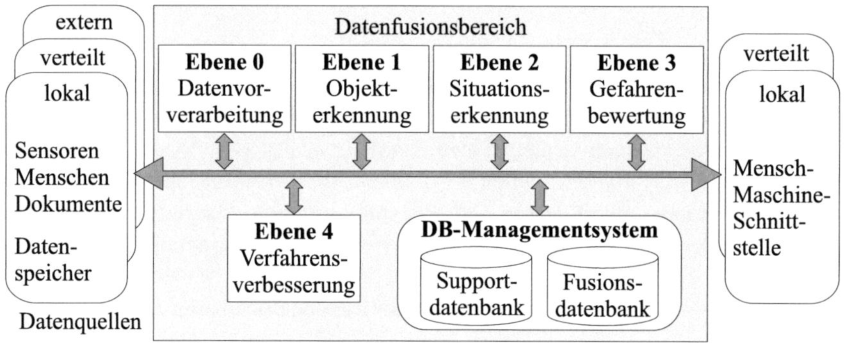

Bild 2.1: JDL-Modell.

Im Modell von Dasarathy wird die Fusion hinsichtlich der Verarbeitung auf und zwischen den Abstraktionsebenen der Daten, Merkmale und Entscheidungen beschrieben [Das97]. Das Omnibus-Modell betont durch die Darstellung als Regelkreis mit dem Ablauf Beobachten-Verstehen-Entscheiden-Handeln, engl. *Observe-Orient-Decide-Act* (OODA) die Rückwirkung der Verarbeitung auf den Messvorgang [Bed00].

---

[1] entwickelt durch die *Joint Directors of Laboratories* (JDL) ursprünglich für militärische Anwendungen

2.1.1.2 Architekturen und Strategien der Fusion

Bei der Architektur der Fusionsalgorithmen wird zwischen einem zentralen, verteilten oder dezentralen Aufbau unterschieden, wobei es häufig Mischformen gibt. Werden sämtliche Informationen gemeinsam von einer zentralen Fusionseinheit verarbeitet, müssen große Datenmengen übertragen und korrekt assoziiert werden. Zur Reduktion können durch eine lokale Inter-Sensor-Assoziation die Daten verschiedener Sensoren zusammengefasst und im Folgenden wie von einem Sensor stammend behandelt werden.

Die verteilte Fusion, engl. *Distributed Data Fusion*, arbeitet mit verteilten Einheiten zur lokalen Filterung, deren Ergebnisse an eine Zentrale weitergereicht werden können. Die Informationsreduktion begrenzt insbesondere die Übertragung von Stördaten. Bei der kaskadierenden Fusion stützen vorverarbeitete Informationen die Filterung anderer Daten. Durch eine modulare Architektur lässt sich der Fusionsalgorithmus bei Variationen der verteilten Informationsquellen anpassen. Die Unterscheidung zentraler und verteilter Fusion gilt bereits für lokal eingesetzte Sensorsysteme. Bei räumlich verteilten Sensornetzen ermöglicht die Informationsfusion die Erfassung und Rekonstruktion räumlich verteilter Phänomene [Bru06]. Je nach Zielsetzung des Netzes wird eine zentrale Verwaltung der Topologie und eine Strategie der Informationsflüsse aufgebaut.

Bei der dezentralen Datenfusion, engl. *Decentralized Data Fusion*, wird ein vernetztes System betrachtet, dessen Sensorknoten jeweils eigene Beobachtungen aufnehmen und diese mit von anderen empfangenen Informationen fusionieren [DW01]. Charakteristisch ist das Fehlen einer zentralen Verarbeitung und globaler Sicht auf das Netz. Die Knoten kommunizieren direkt mit ihrem Umfeld ohne übergeordnete Verbindung.

Daten können implizit oder explizit fusioniert werden [Die05]. Für die explizite Fusion in festen Zeitschritten müssen alle Daten synchronisiert mit dem gleichen Abstraktionsgrad vorliegen. Ein synchrones Sensorsystem erleichtert die sichere und zuverlässige Assoziation aller Daten. Allerdings lassen sich verteilte Sensorsysteme oft nicht hinreichend synchronisieren. Die implizite Filterung ermöglicht eine Verarbeitung asynchroner Messdaten gemäß ihres Aufnahmezeitpunkts, wobei die Fusion indirekt durch die Innovation der Tracks stattfindet.

2.1.2 Fusionskonzepte

Die Fusionskonzepte werden abhängig von Messprinzip und Anordnung der Sensoren unterschieden. Homogene Sensorsysteme arbeiten mit gleichartigen Sensoren und Daten auf einer Ebene. Bei der Fusion heterogener Informationsquellen können die Daten in verschiedenen Abstraktionsgraden und Formalisierungen vorliegen, die zunächst vereinheitlicht werden müssen. [Die05]

Die unterschiedlichen Wirkungen der Datenfusion ergeben sich entsprechend Bild 2.2. Durch *redundante* Daten gleichartiger Sensoren lassen sich neben Erhöhung der Ausfallsicherheit stochastische Unsicherheiten reduzieren. Bei starken Abweichungen konkurrierender Sensoren ist eine Plausibilisierung und Bewertung der Zuverlässigkeit der widersprüchlichen Aussagen nötig. *Komplementäre* Sensoren ergänzen sich entweder aufgrund ihrer räumlichen Perspektiven oder inhaltlich durch verschiedene Messprinzipien. *Kooperative* Sensorsysteme liefern bei gemeinsamer Verarbeitung Daten über einzeln nicht zugängliche Informationen, so z. B. die Erfassung der dritten Dimension durch Stereokameras. Insgesamt ermöglicht die Informationsfusion eine umfassendere Umfeldbeschreibung mit reduzierter Unsicherheit.

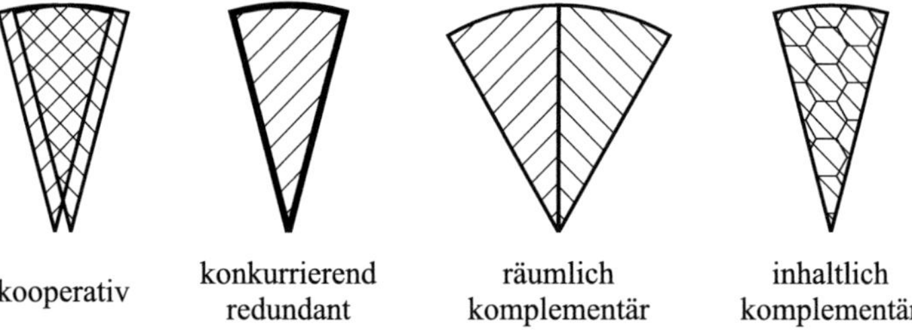

Bild 2.2: Verschiedene Sensorkonfigurationen für die Fusion.

2.1.2.1　Methoden der Fusion

Unabhängig von der Fusionsebene werden die Daten vor der eigentlichen Fusion aufbereitet. Je nach Konzept müssen sie synchronisiert oder in gemeinsame Koordinaten registriert werden. Bei heterogenen Informationsquellen ist zudem eine Transformation auf eine einheitliche mathematische Beschreibung nötig. Diese wird durch Spezialisieren, Wandeln oder Abstrahieren der Information erreicht [Bey06]. Hinsichtlich der Darstellung lässt sich die Fusion in parametrische und gitterbasierte Methoden einteilen [Hal92]. Für die parametrische Fusion einzelner Beobachtungen stehen merkmalsbasierte, probabilistische, fuzzybasierte und neuronale Ansätze zur Verfügung [Rus06]. Die Grundlagen der in dieser Arbeit verwendeten Methoden der dynamischen Zustandsschätzung werden in Abschnitt 2.2 vorgestellt. Bei den gitterbasierten Ansätzen wird über die Belegungswahrscheinlichkeiten eines Gitters eine geometrische Umfeldbeschreibung erstellt, siehe Abschnitt 2.4.

2.1.2.2 Zuverlässigkeit der Detektion

Häufig soll mit der Multisensordatenfusion eine verbesserte Detektion von Objekten erreicht werden. Als Kriterium kann die Detektionswahrscheinlichkeit des Objekts gegenüber der Falschalarmwahrscheinlichkeit durch die Sensoren bewertet werden.

Das Verhältnis von Detektionswahrscheinlichkeit P_D zu Falschalarmwahrscheinlichkeit kann über den Detektionsschwellwert eines Sensors eingestellt werden. Bild 2.3 zeigt exemplarisch die Wahrscheinlichkeitsdichten der Spannungsamplituden am Sensorausgang eines Radarsensors für ein bestimmtes Verhältnis von Signal- zu Rauschspannung [Det89]. Die Wahrscheinlichkeitsdichte der Summe aus Signal und Rauschen p_I ist als Gauß-Verteilung modelliert, die des reinen Rauschens p_II je nach rückstreuender Oberfläche z. B. als Rice-Verteilung [Hud99]. Die Entdeckungswahrscheinlichkeit hängt damit von dem Signal-Rausch-Verhältnis $(S/N)_\mathrm{min}$ und dem Detektionsschwellwert U_D ab. Der Schwellwert bezogen auf die effektive Rauschspannung $u_\mathrm{eff,N}$ muss derart gewählt werden, dass bei möglichst kleiner Falschalarmrate eine hohe Entdeckungswahrscheinlichkeit erreicht wird.

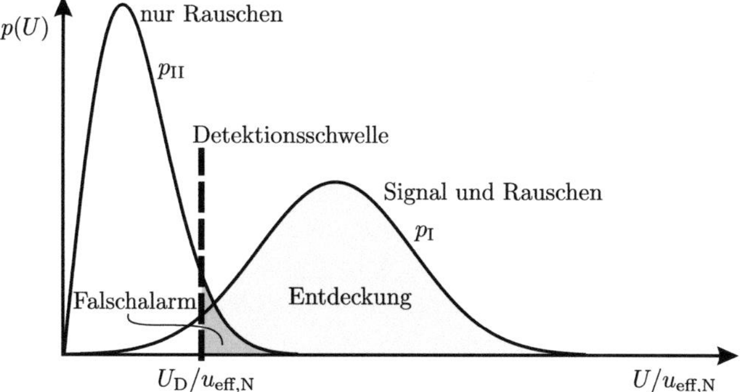

Bild 2.3: Qualitative Wahrscheinlichkeitsdichten für die Amplituden eines Empfängersignals bei reinem Rauschen sowie Rauschen und Signal. Anhand des Schwellwerts werden Detektionswahrscheinlichkeit und Falschalarmrate eingestellt.

Entscheidend ist bei der Fusion von Sensordaten und Informationen die Berücksichtigung ihrer Zuverlässigkeit. Diese hängt neben den Sensorcharakteristiken auch von dem betrachteten Szenario ab. Bereits vor der Fusion sollte die Qualität der Daten untersucht und fehlerhafte Information frühzeitig eliminiert werden.

Neben einer Bereinigung der Datensätze ist auch der Fusionsprozess auf die Zuverlässigkeit der Daten abzustimmen.

2.2 Grundlagen der dynamischen Zustandsschätzung

2.2.1 Kalman-Filter

Das Kalman-Filter[2] ermöglicht die optimale Zustandsschätzung eines linearen stochastischen Systems aus einer Folge fehlerbehafteter Messungen. Es wurde ursprünglich für lineare Gauß-Markov-Modelle entwickelt und stellt einen Spezialfall eines Bayes-Filters für lineare Systemmodelle und Gauß'sche Verteilungsdichten dar. In diesem Abschnitt werden die grundlegenden Formeln des Kalman-Filters dargestellt. Ausführliche Beschreibungen finden sich in der Literatur [Gel06, May82, Sim06, Zar05].

Das Systemmodell beschreibt das dynamische Verhalten eines Objekts aufgrund physikalischer Zusammenhänge. Allgemein sei die lineare Zustandsgleichung für den Zustandsvektor $\mathbf{x}_k$ gegeben als:

$$\mathbf{x}_k = \mathbf{F}_{k-1}\mathbf{x}_{k-1} + \mathbf{B}_{k-1}\mathbf{u}_{k-1} + \mathbf{c}_{k-1} \tag{2.1}$$

mit Transitionsmatrix $\mathbf{F}_{k-1}$, Eingangsmatrix $\mathbf{B}_{k-1}$, dem bekannten Eingangssignal $\mathbf{u}_{k-1}$ sowie dem Systemrauschen $\mathbf{c}_{k-1}$. Die im k-ten Zeitschritt aufgenommene Messung $\tilde{\mathbf{z}}_k$ wird durch das Beobachtungsmodell in Abhängigkeit des prädizierten Zustands beschrieben mit der Beobachtungsmatrix $\mathbf{H}_k$ und dem Beobachtungsrauschen $\mathbf{e}_k$:

$$\tilde{\mathbf{z}}_k = \mathbf{H}_k\mathbf{x}_k + \mathbf{e}_k \ . \tag{2.2}$$

Die zum Rauschen $\mathbf{c}_k$ und $\mathbf{e}_k$ gehörenden Zufallsprozesse $\mathcal{N}$ bzw. $\mathcal{E}$ sollten normalverteilt, paarweise unkorreliert und weiß sein. Ihre Kovarianzen seien gegeben durch $\mathbf{Q}_k$ und $\mathbf{R}_k$.

Das Kalman-Filter schätzt rekursiv über einen Prädiktions- und Innovationsschritt aus der vorangegangenen Zustandsschätzung $\hat{\mathbf{x}}_{k-1}$ den Zustand $\hat{\mathbf{x}}_k$. Dabei gehen die neue Beobachtung $\tilde{\mathbf{z}}_k$ und das Eingangssignal $\mathbf{u}_{k-1}$ ein.

---

[2]Benannt nach Rudolph E. Kálmán aufgrund seiner Veröffentlichungen [Kal60, Kal61].

Im Prädiktionsschritt werden der erwartete Systemzustand im nächsten Zeitschritt (*a priori* Schätzung $\hat{\mathbf{x}}_k^-$) und dessen Kovarianzmatrix $\mathbf{P}_k^-$ berechnet:

$$\hat{\mathbf{x}}_k^- = \mathbf{F}_{k-1}\hat{\mathbf{x}}_{k-1}^+ + \mathbf{B}_{k-1}\mathbf{u}_{k-1} \,, \tag{2.3}$$

$$\mathbf{P}_k^- = \mathbf{F}_{k-1}\mathbf{P}_{k-1}^+\mathbf{F}_{k-1}^{\mathrm{T}} + \mathbf{Q}_{k-1} \,. \tag{2.4}$$

Der Innovationsschritt korrigiert mit der neuen Beobachtung $\tilde{\mathbf{z}}_k$ den prädizierten Systemzustand $\hat{\mathbf{x}}_k^-$ zur *a posteriori* Schätzung $\hat{\mathbf{x}}_k^+$. Hierbei wird die Kalman-Verstärkungsmatrix $\mathbf{K}_k$ als Gewichtungsmatrix eingeführt.

$$\mathbf{K}_k = \mathbf{P}_k^-\mathbf{H}_k^{\mathrm{T}}\left[\mathbf{H}_k\mathbf{P}_k^-\mathbf{H}_k^{\mathrm{T}} + \mathbf{R}_k\right]^{-1} \tag{2.5}$$

$$= \mathbf{P}_k^+\mathbf{H}_k^{\mathrm{T}}\mathbf{R}_k^{-1} \,, \tag{2.6}$$

$$\hat{\mathbf{x}}_k^+ = \hat{\mathbf{x}}_k^- + \mathbf{K}_k\left[\tilde{\mathbf{z}}_k - \mathbf{H}_k\hat{\mathbf{x}}_k^-\right] \,, \tag{2.7}$$

$$\mathbf{P}_k^+ = \left[\mathbf{I} - \mathbf{K}_k\mathbf{H}_k\right]\mathbf{P}_k^-\left[\mathbf{I} - \mathbf{K}_k\mathbf{H}_k\right]^{\mathrm{T}} + \mathbf{K}_k\mathbf{R}_k\mathbf{K}_k^{\mathrm{T}} \tag{2.8}$$

$$= \left[\mathbf{I} - \mathbf{K}_k\mathbf{H}_k\right]\mathbf{P}_k^- \,. \tag{2.9}$$

Die Rekursionsgleichung für die Kovarianzmatrix weist zwei Varianten auf. Da die sogenannte *Joseph-Form* in Gl. 2.8 numerisch stabiler ist, wird sie trotz höheren Rechenaufwands teilweise der mathematisch äquivalenten Gl. 2.9 vorgezogen. Wird zur Bestimmung der Verstärkungsmatrix Gl. 2.6 gewählt, sollte aus numerischen Gründen auch Gl. 2.9 verwendet werden.

Für normalverteiltes Rauschen in linearen Systemen ist das Kalman-Filter der erwartungstreue Schätzer mit minimaler Varianz.

2.2.2 Nichtlineare Modellierung

Sind die Zustands- oder Beobachtungsgleichung nichtlinear, kann das indirekte oder das erweiterte Kalman-Filter verwendet werden.

Mit dem indirekten Kalman-Filter, auch Error-State-Space oder linearisiertes Kalman-Filter genannt, werden statt der totalen Zustandsgrößen des nichtlinearen Systems deren Abweichungen $\Delta\mathbf{x}$ geschätzt. Dazu wird das nichtlineare Systemmodell um einen Arbeitspunkt $\bar{\mathbf{x}}$ linearisiert durch eine Taylorreihenentwicklung erster Ordnung:

$$\mathbf{x}_k \approx \mathbf{f}(\bar{\mathbf{x}}_{k-1}) + \left.\frac{\partial\mathbf{f}(\mathbf{x})}{\partial\mathbf{x}}\right|_{\bar{\mathbf{x}}_{k-1}}(\mathbf{x}_{k-1} - \bar{\mathbf{x}}_{k-1}) + \mathbf{B}_{k-1}\mathbf{u}_{k-1} + \mathbf{c}_{k-1} \,. \tag{2.10}$$

Entsprechend ergibt sich die linearisierte Zustandsschätzung zu

$$\hat{\mathbf{x}}_k \approx \mathbf{f}(\bar{\mathbf{x}}_{k-1}) + \left.\frac{\partial\mathbf{f}(\mathbf{x})}{\partial\mathbf{x}}\right|_{\bar{\mathbf{x}}_{k-1}} \cdot (\hat{\mathbf{x}}_{k-1} - \bar{\mathbf{x}}_{k-1}) + \mathbf{B}_{k-1}\mathbf{u}_{k-1} \,. \tag{2.11}$$

Das Systemmodell des linearisierten Kalman-Filters beschreibt den Schätzfehler durch Subtraktion der Gl. 2.11 von Gl. 2.10 mit dem Arbeitspunkt $\bar{\mathbf{x}} = \hat{\mathbf{x}}$ zu

$$\Delta\mathbf{x}_k = \mathbf{x}_k - \hat{\mathbf{x}}_k = \mathbf{F}_\mathbf{x} \cdot \Delta\mathbf{x}_{k-1} + \mathbf{c}_{k-1} \quad \text{mit} \quad \mathbf{F}_\mathbf{x} = \left.\frac{\partial \mathbf{f}(\mathbf{x})}{\partial \mathbf{x}}\right|_{\hat{\mathbf{x}}_{k-1}} . \qquad (2.12)$$

Für die Beobachtung wird entsprechend die Differenz der vorliegenden Messwerte zu den erwarteten Messwerten verwendet. Die um $\bar{\mathbf{x}}$ linearisierte Beobachtungsgleichung lautet

$$\tilde{\mathbf{z}}_k \approx \mathbf{h}(\bar{\mathbf{x}}_k) + \left.\frac{\partial \mathbf{h}(\mathbf{x})}{\partial \mathbf{x}}\right|_{\hat{\mathbf{x}}_k} (\mathbf{x}_k - \bar{\mathbf{x}}_k) + \mathbf{e}_k . \qquad (2.13)$$

Damit ergibt sich das Messmodell des linearisierten Kalman-Filters mit dem Arbeitspunkt $\bar{\mathbf{x}} = \hat{\mathbf{x}}$ analog Gl. 2.12 zu

$$\Delta\tilde{\mathbf{z}}_k = \tilde{\mathbf{z}}_k - \hat{\mathbf{z}}_k = \mathbf{H}_\mathbf{x} \cdot \Delta\mathbf{x}_k + \mathbf{e}_k \quad \text{mit} \quad \mathbf{H}_\mathbf{x} = \left.\frac{\partial \mathbf{h}(\mathbf{x})}{\partial \mathbf{x}}\right|_{\hat{\mathbf{x}}_k} , \qquad (2.14)$$

und die Berechnung des Messwerts für das Kalman-Filter erfolgt über das nichtlineare Messmodell mit

$$\Delta\tilde{\mathbf{z}}_k = \tilde{\mathbf{z}}_k - \mathbf{h}(\hat{\mathbf{x}}) . \qquad (2.15)$$

Durch die Korrektur der totalen Zustandsgrößen, als *closed-loop* bezeichnet, wird der *a priori* Schätzfehler und somit der Zustandsvektor $\Delta\mathbf{x}_k^-$ im Prädiktionsschritt gleich Null und nur die Kovarianzmatrix muss prädiziert werden. Nach dem Innovationsschritt lassen sich die totalen Systemzustände außerhalb des Filters korrigieren durch

$$\hat{\mathbf{x}}_k = \hat{\mathbf{x}}_k^- + \Delta\hat{\mathbf{x}}_k^+ . \qquad (2.16)$$

Die im Vergleich zu totalen Zustandsgrößen geringere Dynamik der Fehlergrößen erlaubt eine niedrigere Frequenz und für die Modellierung oft ein in besserer Approximation gültiges lineares Systemmodell.

Mit dem erweiterten Kalman-Filter, engl. *extended Kalman filter* (EKF), werden die totalen Zustandsgrößen des nichtlinearen Systems direkt geschätzt. Dazu werden das nichtlineare System- und Beobachtungsmodell durch eine Taylor-Approximation erster Ordnung um den geschätzten Systemzustand $\hat{\mathbf{x}}_k$ linearisiert, vergleichbar zu Gl. 2.10 und Gl. 2.13. Der Prädiktions- und Innovationsschritt ergeben sich analog zum ursprünglichen Kalman-Filter, wobei die Transitionsmatrix und Einflussmatrix des Systemrauschens zeitabhängige Jacobi-Matrizen sind.

Ist die Nichtlinearität des Modells stark ausgeprägt, lässt sich diese besser mit einem Sigma-Punkt-Kalman-Filter erfassen. Dabei werden für Mittelwert und Kovarianz eines normalverteilten Zufallsvektors deterministisch eine Menge Sigma-Punkte gewählt, die als Zustandsvektoren aufgefasst und einzeln durch das nichtlineare Systemmodell prädiziert werden. Die Kovarianzmatrix wird dann nicht gemäß Gl. 2.4 bestimmt, sondern aus den prädizierten Sigma-Punkten approximiert.

2.2.3 Adaptive Filterung

Eine adaptive Filterung ermöglicht die automatische Anpassung an unbekannte oder zeitlich veränderliche Bedingungen durch Veränderung der Kovarianzen oder des Systemmodells. Da das einfache Kalman-Filter jeweils nur einen Bewegungsmodus optimal beschreibt, kann für Anwendungen mit unterschiedlichen Modi die Modellierung mehrerer elementarer Schätzer sinnvoll sein, die abhängig von festgelegten Schwellwerten verwendet werden. Durch das *Interacting Multiple Model* Filter (IMM) lassen sich die Schätzer mit verschiedenen Systemmodellen oder Rauschtermen auch parallel einsetzen. Anhand der aus den Beobachtungsresiduen schätzbaren Modellwahrscheinlichkeiten werden die Filter gewichtet und ihre Zustandsschätzungen zu einer gemeinsamen Schätzung kombiniert. Durch eine geeignete Wahl der Übergangswahrscheinlichkeiten wird der Wechsel zwischen den Bewegungsmodellen probabilistisch gesteuert. Eine ausführliche Darstellung des IMM-Filters findet sich in [BS00] und [BS01].

2.2.4 Verfolgung von Objekten

Die Schätzung eines dynamischen Objektzustands über der Zeit wird auch als dessen Verfolgung, engl. *Tracking* bezeichnet. Aus Bayes'scher Sicht werden anhand von neuen Messungen und sämtlichem Vorwissen iterativ die bedingten Wahrscheinlichkeitsdichten aktualisiert, die die gesuchten Zustände beschreiben [Koc99]. Neben der aktuellen Zustandsschätzung aus fehlerbehafteten Messungen ermöglicht dies eine Vorhersage künftiger Zustände. Es können sowohl mehrere Objekte verfolgt als auch die Daten verschiedener Sensoren verwendet und damit fusioniert werden [BS88].

Werden von einem Sensor mehrere Objekte gleichzeitig erfasst, sind zur Verfolgung weitere Schritte erforderlich. Bei der Mehrzielverfolgung, engl. *Multi-Target Tracking*, wird für jedes detektierte Objekt eine eigene Spur, engl. *Track*, geschätzt. Die Assoziation dient der Zuordnung neuer Messungen zum zugehörigen Track aufgrund der durch das Beobachtungsmodell prädizierten Messwerte. Mit den assoziierten Messwerten erfolgt die Innovation der prädizierten Tracks zu den aktuellen Zustandsschätzungen. Können Messungen keinem bestehenden Track zugeordnet werden, wird mit ihren unsicherheitsbehafteten Messwerten ein neuer Track initialisiert. Da es sich gegebenenfalls um eine Fehldetektion handelt, ist dieser zunächst mit einer geringen Existenzwahrscheinlichkeit verbunden. Wird einem Track längere Zeit keine Messung zugeordnet, wächst die Unsicherheit der Zustandsschätzung und eine Terminierung ist sinnvoll. Auch bei der Fusion von zwei Tracks zu einer gemeinsamen Schätzung muss ein Track beendet werden. Diese Aufgabe übernimmt das Trackmanagement, von dem schließlich die Schätzung des Umfeldmodells ausgegeben wird. Bild 2.4 zeigt schematisch die einzelnen Schritte zur Verfolgung mehrerer Objekte.

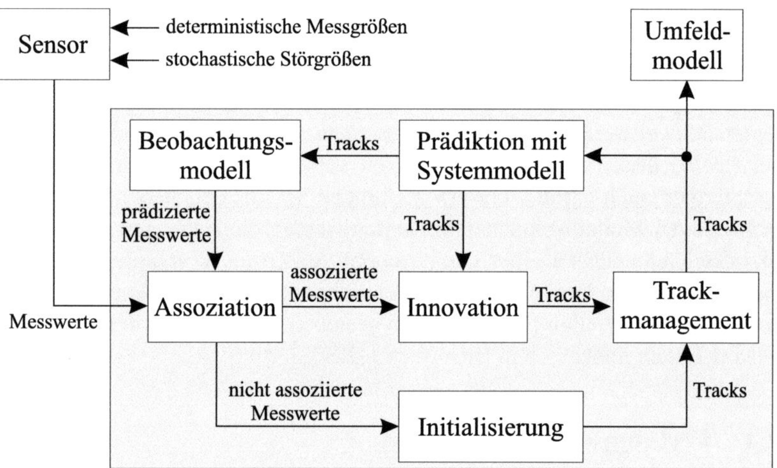

Bild 2.4: Schema der Datenfilterung zur Verfolgung mehrerer Objekte.

2.3   Assoziationsverfahren

Die Assoziation von Messungen zum zugehörigen Objekttrack ist ein kritischer Prozessschritt, da mit ihm zu einem frühen Zeitpunkt bereits Entscheidungen als Basis der weiteren Verarbeitungsschritte getroffen werden, die das Ergebnis der Filterung maßgeblich bestimmen. Wird eine Messung nicht dem wahren Objekttrack zugeordnet, kann sie einen anderen Track im Innovationsschritt fehlerhaft beeinflussen oder die Initialisierung eines zusätzlichen Tracks bewirken. Gleichzeitig wird der wirklich zum Objekt gehörende Track gegebenenfalls nicht oder mit falschen Daten innoviert. Letztlich können so Objekte z. B. übersehen, fehlerhaft als existent angenommen, zusammengefasst oder mit einem falschen Zustand beschrieben werden.

Besonders relevant wird die Assoziation bei der Verfolgung mehrerer Objekte und bei Stördaten, auch als *Clutter* bezeichnet. Im Folgenden werden die bekanntesten Verfahren vorgestellt, eine ausführliche Systematik findet sich in [Pul05]. Die Assoziationsmodelle lassen sich in deterministische und probabilistische Verfahren einteilen. Bei deterministischen Ansätzen ist das gemessene Objekt bekannt oder es wird genau eine, auch als *hart* bezeichnete Entscheidung für höchstens eine Assoziationshypothese getroffen. In probabilistischen Ansätzen werden Wahrscheinlichkeiten für unterschiedliche Assoziationshypothesen berechnet und die Messungen bei der Innovation der Tracks entsprechend gewichtet [BS88]. Bei der Abwägung zwischen harten Entscheidungen und der Betrachtung unterschiedlicher Möglichkeiten der Objektzuordnung ist für praktische Anwendungen allerdings auch der Rechenaufwand ein entscheidendes Argument.

Für die Assoziation quasi-punktförmiger Objekte eignen sich insbesondere parametrische Ansätze wie die nachfolgend betrachteten. Werden dagegen räumlich ausgedehnte Objekte unter Berücksichtigung ihrer Geometrie oder anderer Merkmale verfolgt, z. B. Markierungen oder auch Fahrzeuge, können neben parametrischen auch nichtparametrische Ansätze zum Einsatz kommen.

2.3.1 Nearest-Neighbor

Der *Nearest-Neighbor-Algorithmus* (NN-Algorithmus) assoziiert aufgrund des geringsten Abstands zwischen m aktuellen Messungen $\tilde{\mathbf{z}}_{r,k}$, $r = 1, \ldots, m$, und n auf den Zeitpunkt k prädizierten Beobachtungen $\hat{\mathbf{z}}_{j,k}^-$, $j = 1, \ldots, n$ [Bla99]. Als Abstandsmaß wird im einfachsten Fall die euklidische Distanz berechnet. Wird ein mehrdimensionaler Vektorraum betrachtet, kann im erweiterten NN-Verfahren die Mahalanobis-Distanz d_M als Maß verwendet werden:

$$d_\mathrm{M} = \hat{\mathbf{e}}_k^\mathrm{T} \mathbf{S}_k^{-1} \hat{\mathbf{e}}_k \,, \tag{2.17}$$

mit dem Beobachtungsresiduum $\hat{\mathbf{e}}_k$ und der zugehörigen Kovarianzmatrix $\mathbf{S}_k = \mathbf{H}_k \mathbf{P}_k^- \mathbf{H}_k^\mathrm{T} + \mathbf{R}_k$. Die Beobachtung mit dem kleinsten Abstand wird dem Objekttrack $\mathbf{T}_j$ zugeordnet, sofern der Abstand unterhalb eines Grenzwerts liegt. Nach erfolgter Zuordnung werden Beobachtung und Track für weitere Assoziationen nicht mehr berücksichtigt.

Der NN-Algorithmus ist anfällig für eine Zuordnung von Stördaten an Stelle der wahren Beobachtung. Er eignet sich daher nur bei geringem Clutter und nicht für mehrere eng benachbarte Objekte. Diese Fälle lassen sich z. B. mit modifizierten Verfahren wie dem *Global Nearest Neighbor* verbessern [BS00].

2.3.2 Probabilistic-Data-Association

Das *Joint-Probabilistic-Data-Association-Filter* (JPDA-Filter) ist ein Bayes'sches Verfahren zur Mehrzielverfolgung, das die Zuordnung mehrerer Beobachtungen zu einem Track und die gewichtete Assoziation einer Beobachtung zu mehreren Tracks erlaubt [For83]. Dabei wird angenommen, dass von einem verfolgten Objekt in Wahrheit genau eine Beobachtung stammt und eine Messung nur zu einem Objekt gehören kann.

Um den Berechnungsaufwand der Zuordnungswahrscheinlichkeiten zu reduzieren, werden mit einem *Gating*-Prozess alle Beobachtungen ausgeblendet, die sich außerhalb eines Gültigkeitsbereichs[3] $\mathcal{V}_{j,k}$ der Prädiktion befinden. Liegt eine Messung $\tilde{\mathbf{z}}_{r,k}$ innerhalb des Bereichs, wird die Assoziation zum Objekttrack $\mathbf{T}_j$ für möglich gehalten. Über die Mahalanobis-Distanz $d_{\mathrm{M}_{j,k}}$ kann der Gültigkeitsbereich für Messungen $\tilde{\mathbf{z}}$ beschrieben werden als

$$\mathcal{V}_{j,k} \triangleq \left\{ \tilde{\mathbf{z}} : \left[\tilde{\mathbf{z}} - \hat{\mathbf{z}}_{j,k}^- \right]^{\mathrm{T}} \mathbf{S}_{j,k}^{-1} \left[\tilde{\mathbf{z}} - \hat{\mathbf{z}}_{j,k}^- \right] \leq g^2 \right\} , \tag{2.18}$$

wobei von der Grenze g^2 die Wahrscheinlichkeit abhängt, dass die wahre Beobachtung des Objekts j im Gültigkeitsbereich $\mathcal{V}_{j,k}$ liegt.

Für die verbleibenden Kombinationen wird jeweils die bedingte Wahrscheinlichkeit β_{jr} berechnet, dass das Objekt j Ursache der Beobachtung $\tilde{\mathbf{z}}_r$ ist. Mit β_{j0} wird angegeben, mit welcher Wahrscheinlichkeit einem Track $\mathbf{T}_j$ keine Messung zugeordnet wird. Damit lässt sich die Innovation der Zustandsschätzung für jeden Track aus den mit dem Koeffizienten β_{jr} gewichteten Innovationen $\hat{\mathbf{x}}_{jr,k}^+$ der einzelnen Messungen $\tilde{\mathbf{z}}_r$ bestimmen:

$$\hat{\mathbf{x}}_{j,k}^+ = \sum_{r=0}^m \beta_{jr} \, \hat{\mathbf{x}}_{jr,k}^+ , \tag{2.19}$$

wobei die *a posteriori* Schätzungen $\hat{\mathbf{x}}_{jr,k}^+$ gemäß Gl. 2.7 berechnet werden:

$$\hat{\mathbf{x}}_{jr,k}^+ = \begin{cases} \hat{\mathbf{x}}_{j,k}^- + \mathbf{K}_{jr,k} \hat{\mathbf{e}}_{jr,k} \, , & r = 1, \ldots, m \\ \hat{\mathbf{x}}_{j,k}^- , & r = 0 \, . \end{cases} \tag{2.20}$$

Die Kovarianzen der Objektzustände werden entsprechend berechnet zu

$$\mathbf{P}_{j,k}^+ = \sum_{r=0}^m \left[\hat{\mathbf{x}}_{jr,k}^+ (\hat{\mathbf{x}}_{jr,k}^+)^{\mathrm{T}} + \mathbf{P}_{jr,k}^+ \right] \cdot \beta_{jr} - \hat{\mathbf{x}}_{j,k}^+ (\hat{\mathbf{x}}_{j,k}^+)^{\mathrm{T}} \, . \tag{2.21}$$

---

[3]engl. *validation gate* oder *validation region*

Das *cheap-Joint-Probabilistic-Data-Association-Filter* (cJPDA) bietet eine Möglichkeit zur näherungsweisen Berechnung der Koeffizienten β, die deutlich weniger Rechenleistung benötigt und dennoch überwiegend verlässliche Ergebnisse liefert [BS00]. Dabei wird die Gewichtung β_{jr} über die Likelihood Λ_{jr} und einen Koeffizienten B als Maß der Clutter-Dichte und einer reduzierten Detektionswahrscheinlichkeit folgendermaßen berechnet

$$\beta_{jr} = \frac{\Lambda_{jr}}{T_j + M_r - \Lambda_{jr} + B} \tag{2.22}$$

mit den Summenkoeffizienten

$$T_j = \sum_{r=1}^{m} \Lambda_{jr} \quad \text{und} \quad M_r = \sum_{j=1}^{n} \Lambda_{jr} \, . \tag{2.23}$$

Die Likelihood Λ_{jr} berechnet sich mit der Mahalanobis-Distanz $d_{\mathrm{M}_{j,k}}$ zu

$$\Lambda_{jr} = \begin{cases} [\det(2\pi\mathbf{S}_{jr})]^{-\frac{1}{2}} \cdot e^{-\frac{1}{2} \cdot d_{\mathrm{M}_{j,k}}} \, , & \text{falls } d_{\mathrm{M}_{j,k}} \leq g^2 \, , \\ 0 \, , & \text{falls } d_{\mathrm{M}_{j,k}} > g^2 \end{cases} \tag{2.24}$$

für alle $r = 1, \dots, m$ und $j = 1, \dots, n$.

Der Koeffizient β_{j0} beschreibt die Wahrscheinlichkeit, mit der einem Objekttrack $\mathbf{T}_j$ keine Messung zugeordnet wird als

$$\beta_{j0} = \frac{B}{T_j + B} \, . \tag{2.25}$$

Bei begrenztem Clutter und nicht mehr als zwei nah benachbarten Objekten eignet sich der cJPDA-Algorithmus gut für die Assoziation der Messungen zu mehreren Objekttracks.

2.3.3 Assoziation für Messungen mit hohem Störanteil

Wenn Messungen mehrerer Objekte einen hohen Anteil Stördaten enthalten, ist eine sinnvolle frühzeitige Zuordnung zu Objekttracks schwierig. Beim *Multi-Hypothesen-Tracking* wird eine harte Assoziationsentscheidung erst getroffen, wenn nach der Verfolgung mehrerer Hypothesen eine eindeutige Zuordnung möglich ist [Rei79]. Hypothetisch kann jede Beobachtung durch eines der bekannten Objekte, ein neues Objekt oder einen Falschalarm hervorgerufen werden. Für eine Messung sind bei n aktiven Tracks daher $(n+2)$ Wahrscheinlichkeiten zu berechnen. Das MHT eignet sich für hohe Clutter-Dichten, der Rechenaufwand steigt allerdings bei längerer Verfolgung stark an [Bla99]. In effizienten Modifikationen werden z. B. nur Hypothesen mit einer Mindestwahrscheinlichkeit weiter verfolgt oder dicht benachbarte Tracks frühzeitig fusioniert [BS00].

Für sehr hohe Clutterdichten wurden Verfahren basierend auf *Finite Set Statistics* (FISST) entwickelt, bei denen eine implizite Assoziation erfolgt, indem Wahrscheinlichkeitsverteilungen über Objekthypothesen ausgegeben werden [Mah03], [Bal05]. Die praktikable Näherungslösung des *Probability Hypothesis Density Filters* (PHD) stellt eine Erweiterung klassischer Trackingverfahren dar, die bei guten Ergebnissen den Rechenaufwand nur proportional zur Objektzahl steigen lässt [Sti11].

2.4　Gitterbasierte Verfahren

Gitterbasierte Verfahren, auch als *grid-* oder rasterbasiert bezeichnet, werden zur geometrischen Abbildung der Umwelt und zur Navigation verwendet. Die Umgebung wird dazu durch ein Gitter aus einzelnen Zellen diskretisiert.

2.4.1　Grundform der gitterbasierten Verfahren

Moravec und Elfes entwickelten mit ihren *Occupancy Grids* und *Certainty Grids* die grundlegenden Ansätze gitterbasierter Verfahren [Mor79, Elf89]. Aufgrund von Messungen wird die Belegungswahrscheinlichkeit der Zellen bestimmt. Jede Zelle kann grenzwertabhängig den Status {frei}, {belegt} oder {unbekannt} erhalten. Dabei werden die Daten räumlich verteilter bzw. heterogener Sensoren zeitgleich oder sequentiell verarbeitet. Über der Zeit kumuliert nimmt die Sicherheit der erhaltenen Belegungswahrscheinlichkeiten zu. Einzelne Fehlmessungen und Falschalarme werden ausgeglichen. Dagegen erfolgt bei konträren Sensorergebnissen eine gegenseitige Abschwächung.

Gitterbasierte Verfahren bedeuten allerdings einen hohen Rechenaufwand. Auf Kosten der örtlichen Auflösung lässt sich der Aufwand durch eine Anpassung der Zellengröße senken. Je nach Zielsetzung gibt es verschiedene Modifikationen des gitterbasierten Ansatzes überwiegend aus dem Bereich der Robotik.

2.4.2　Kartenerstellung und Positionierung

Gitterbasierte Verfahren kommen häufig bei der Erstellung von Karten zur Anwendung, da mit ihnen beliebig geformte Umgebungen modelliert werden können.

Außerdem eignen sie sich gut für die Positionsschätzung mobiler Roboter, wobei die Anwendungen meist auf abgeschlossene Innenräume beschränkt sind.

Thrun, Burgard et al. haben die Verfahren zur Erstellung einer Umgebungskarte auf Basis von Occupancy Grids ausgebaut [Thr05] und fusionieren damit die Daten unterschiedlicher Sensortypen. Außerdem entwickelten sie einen rasterbasierten Algorithmus für das Problem des *Simultaneous Localization and Mapping*. Daneben gibt es Ansätze zur dezentralen Fusion verteilter *Certainty Grids* [Mak03].

Für die Positionierung lässt sich durch eine als *Matching* bezeichnete Zuordnung von sequentiell erfassten Rasterkarten die inkrementelle Koppelnavigation mit absoluten Informationen ergänzen [Yam96]. Bei den *Position Probability Grids* wird die Orientierung als weitere Dimension eingeführt und für jede Zelle die Aufenthaltswahrscheinlichkeit des Roboters innerhalb einer bekannten Umgebung berechnet [Bur96].

2.4.3 Bahnplanung und Objektdetektion

Das Verfahren des *Vector Field Histogram* ermöglicht eine schnellere Bahnplanung [Bor90]. Über ein eindimensionales, polares Histogramm wird die Hindernisdichte rund um den Agenten angegeben.

Selten sind rasterbasierte Ansätze zur Verfolgung bewegter Objekte, da sich Dynamikmodelle darin kaum einfügen lassen. Über die zeitliche Akkumulation einer Zellenbelegung wirken *Occupancy Grids* als Filter für statische Objekte mit Unterdrückung von Stördaten. Bewegte Objekte mit jeweils kurzzeitiger Zellenbelegung entsprechen dann Stördaten.

Sind ausschließlich bewegte Objekte zu erfassen, kann das *Occupancy Grid* um die Dimensionen der Geschwindigkeit $(\dot{x},\ \dot{y})$ erweitert werden [Zha92]. Eine modifizierte Hough-Transformation liefert Informationen über die Geschwindigkeit der detektierten Objekte. Der Ansatz ist allerdings sehr rechenintensiv und daher nur für geringe, konstante Geschwindigkeiten geeignet.

Um die Vorteile der gitterbasierten Fusionsmethoden bei der Objektverfolgung zu nutzen, ist eine Kombination mit klassischen Trackingverfahren möglich [Ayc06]. So erstellen Aycard et al. aus den Daten mehrerer Videokameras ein *Occupancy Grid* zur Detektion von Fußgängern. Transformiert in globale kartesische Koordinaten erfolgt eine Assoziation und das Tracking der detektierten Personen.

2.5 Negative Sensorevidenz

Die Vorstellung der negativen Sensorevidenz, auch als negative Information bezeichnet, wurde in der Robotik entwickelt. Mit negativer Sensorevidenz lässt sich der Erkenntnisgewinn beschreiben, der durch das Ausbleiben einer Detektion innerhalb eines Beobachtungsbereichs entsteht. Thrun veranschaulicht dies mit seinem Eiffelturm-Beispiel [Thr05]: Wer in Paris den Eiffelturm nicht sieht, kann daraus mit einer gewissen Wahrscheinlichkeit schließen, sich an einem entfernten Ort zu befinden, von dem aus der Turm nicht zu sehen ist. Auch wenn die Zahl der durch die negative Sensorevidenz potentiell charakterisierten Sensorstandorte naturgemäß höher ist, kann innerhalb eines begrenzten Raumes die Lokalisation verbessert werden [Hof05], [Hof06]. Bei der Kartenerstellung über einen „Simultaneous Localization And Mapping (SLAM)"-Prozess sind negative Informationen ein wichtiges Element, um fehlerhafte positive Messungen auszugleichen [Mon03].

Während die positive Sensorevidenz aufgrund einer Detektion explizit beschrieben ist, liegt die negative Sensorevidenz zunächst nur implizit vor, verbunden mit einer höheren Unsicherheit und Mehrdeutigkeit der Aussage. Als Ursache für das Ausbleiben einer Messung sind verschiedene Möglichkeiten zu berücksichtigen:

- Im Beobachtungsbereich befindet sich tatsächlich kein Objekt bzw. das gesuchte Objekt befindet sich außerhalb des Beobachtungsbereichs.

- Sonderfall: Das gesuchte Objekt befindet sich außerhalb des Beobachtungsbereichs, da dieser durch andere Objekte eingeschränkt wird (Verdeckung).

- Das gesuchte Objekt kann aufgrund des Messprinzips, ggf. in Kombination mit seinem momentanen Zustand nicht wahrgenommen werden.

- Das gesuchte Objekt wird aufgrund eines Fehlers im Messvorgang nicht detektiert.

Wird kein Objekt detektiert, ist für die richtige Interpretation daher ein tieferes Verständnis des Messvorgangs und ein genau modellierter Beobachtungsraum notwendig. Auf Basis dieser *a priori* Information kann die Zustandsschätzung von verfolgten Objekten im Kontext des Beobachtungsraumes verbessert werden. So ermöglicht negative Sensorevidenz ein fortgesetztes Tracking mit höherer Aussagekraft bei ausbleibenden Messungen beispielsweise aufgrund zu geringer Sensorauflösung [Koc04] oder bestimmten Objektzuständen [Sär04]. In gitterbasierten Verfahren lässt sich negative Sensorevidenz gut berücksichtigen, da eine flächendeckende Karte erstellt wird. In dieser kann auch eine Sensorcharakteristik einfach

abgebildet werden, um Kenntnis von negativer Information zu erhalten. Bei der
Verfolgung von einzelnen Objekten erfordert die Integration negativer Information dagegen höheren Zusatzaufwand.

Wesentliche Ergebnisse des Kapitels

Durch die Informationsfusion lassen sich größere geometrische Bereiche und zusätzliche Zustandsgrößen mit einer höheren Zuverlässigkeit bei reduzierter Unsicherheit erfassen. Zudem kann der Ausfall eines Sensors kompensiert und eine
schnellere Verfügbarkeit von Informationen ermöglicht werden. Teilweise ist es
möglich, einen kostenintensiven Sensor durch mehrere günstige Sensoren zu er-
setzen.

Die Idee der negativen Sensorevidenz findet in unterschiedlichen Bereichen wie
Tracking, Lokalisation und Bildung einer Karte Anwendung. Eine genaue Modellierung des Messvorgangs ist in allen Fällen Voraussetzung, um negative Information sinnvoll aufzunehmen und sie zur Verbesserung der Ergebnisse einzusetzen,
die durch Auswertung von positiver Information zustande kommen.

Durch die Fusion lässt sich ein konsistentes, durchgehendes Tracking von Objekten und eine umfassende Umfeldbeschreibung verwirklichen. Damit kann der
Nutzen der bereits heute erfolgreich eingesetzten Einzelsensoren vergrößert und
ein vorausschauendes und abgestimmtes Fahren mit neuen Fahrerassistenzanwendungen ermöglicht werden.

3 Modellierung und Sensorik

Ein kognitives Automobil zeichnet sich aus durch die Fähigkeit, den eigenen Zustand und sein Umfeld wahrzunehmen sowie über weitere Informationsverarbeitung Erkenntnisse zu gewinnen, aus denen es selbständig eine Handlung ableiten kann. In diesem Kapitel wird zunächst die informationstechnische Modellierung des Fahrzeugs und seines Umfelds dargestellt. Um die eigene Information mit anderen Verkehrsteilnehmern sinnvoll auszutauschen, müssen diese Daten global referenziert sein. Der eigene Zustand beinhaltet daher neben der absoluten Fahrgeschwindigkeit auch die globale Position und Orientierung. In diesem Kapitel wird die Sensorik zur Bestimmung des eigenen Zustands beschrieben. Aus diesem Zustand heraus wird mit zusätzlicher Sensorik das Fahrzeugumfeld wahrgenommen. Die hierzu eingesetzten Sensoren werden im dritten Teil des Kapitels beschrieben.

3.1 Zustandsraummodell

In dieser Arbeit werden alle Verkehrsteilnehmer einschließlich Fußgängern und weiteren Gegenständen als Objekte betrachtet, wobei Fahrzeuge im Fokus stehen. Die räumlich als zweidimensional betrachtete Welt wird mit kartesischen Koordinaten beschrieben. Ein Objekt in dieser Welt ist modelliert als Massepunkt mit zeitlich veränderlichen Parametern. Der Zustandsvektor des Objektmodells wird als Funktion der Zeit t wie folgt dargestellt:

$$\mathbf{x}(t) = \begin{bmatrix} x(t) \\ y(t) \\ \phi(t) \\ \dot{x}(t) \\ \dot{y}(t) \end{bmatrix} = \begin{cases} \text{erste Koordinate der Objektposition} \\ \text{zweite Koordinate der Objektposition} \\ \text{Orientierung des Objekts} \\ \text{Geschwindigkeit des Objekts in } x\text{-Richtung} \\ \text{Geschwindigkeit des Objekts in } y\text{-Richtung} \end{cases} \qquad (3.1)$$

Für bewegte Objekte wird die Orientierung mit der Richtung des Geschwindigkeitsvektors beschrieben. Bei Sensorfahrzeugen mit Gierratensensor können Änderungen direkt erfasst werden. Dabei wirkt die Orientierung entscheidend auf die Ausrichtung der Umfeldsensorik. Damit die Orientierung explizit erhalten bleibt, wenn ein Objekt zum Stillstand kommt, wird sie im Zustandsvektor aufgenommen.

Die Objekte werden beschrieben durch ein Bewegungsmodell mit konstanter Geschwindigkeit gemäß [BS01]. Die Zustandsgleichung basierend auf Gleichung 2.1 lautet

$$\mathbf{x}(t_k) = \mathbf{F}\mathbf{x}(t_{k-1}) + \mathbf{G}\nu(t_{k-1}). \tag{3.2}$$

Unter der Annahme einer abschnittsweise konstanten Geschwindigkeit werden zusätzliche kleine Beschleunigungen und die Gierrate als weißes Rauschen modelliert mit $\nu(t_{k-1}) = [\nu_{\ddot{x}} \ \nu_{\ddot{y}} \ \nu_{\ddot{\phi}}]^{\mathrm{T}}$. Mit $\Delta t = t_k - t_{k-1}$ werden die Transitionsmatrix $\mathbf{F}$ und die Einflussmatrix $\mathbf{G}$ der Zustandsgleichung beschrieben als:

$$\mathbf{F} = \begin{bmatrix} 1 & 0 & 0 & \Delta t & 0 \\ 0 & 1 & 0 & 0 & \Delta t \\ 0 & 0 & 1 & 0 & 0 \\ 0 & 0 & 0 & 1 & 0 \\ 0 & 0 & 0 & 0 & 1 \end{bmatrix}, \ \mathbf{G} = \begin{bmatrix} \frac{1}{2}\Delta t^2 & 0 & 0 \\ 0 & \frac{1}{2}\Delta t^2 & 0 \\ 0 & 0 & 1 \\ \Delta t & 0 & 0 \\ 0 & \Delta t & 0 \end{bmatrix}. \tag{3.3}$$

Besondere Objekte bilden die mit Sensorik ausgestatteten, kognitiven Fahrzeuge. Sie liefern Messdaten zum eigenen Zustand und dem anderer Objekte. Das Beobachtungsmodell wird in Abhängigkeit des prädizierten Zustands beschrieben mit der Beobachtungsmatrix $\mathbf{H}$ und dem Beobachtungsfehler $\mathbf{e}$:

$$\tilde{\mathbf{z}}(t_k) = \mathbf{H}\mathbf{x}(t_{k-1}) + \mathbf{e}(t_{k-1}) . \tag{3.4}$$

Die sensorabhängige Ausführung des Beobachtungsmodells wird in Abschnitt 3.3.2 ausführlich dargestellt.

3.2 Sensorik zur Erfassung des eigenen Fahrzeugzustands

Basis einer Kooperation zwischen Agenten ist die Kenntnis des eigenen Zustands in der Welt. Die Egosensorik dient zur Schätzung der Position in globalen Koordinaten, der Geschwindigkeit und der Orientierung. Die technischen Anforderungen an die Ortung lassen sich folgendermaßen charakterisieren:

- Datenrate: gemäß der Fahrzeuggeschwindigkeit, in Größenordnung der Umfeldsensorik (mindestens 10 Hz)

- Verfügbarkeit: permanent, ergänzend Redundanz gegen einzelnen Sensorausfall

- Zuverlässigkeit: hoch

- Genauigkeit: <1m, so dass eine gemeinsame Registrierung möglich ist

- Stetigkeit: kontinuierliche Positionsschätzung innerhalb der Fahrdynamik

Obwohl die Qualitätsanforderungen an die Ortung hoch sind, sollen möglichst kostengünstige Standardkomponenten zum Einsatz kommen. Daher bieten sich Sensoren zur relativen und absoluten Lagebestimmung an, deren Informationen in einem vorgelagerten Datenfusionsschritt zusammengefasst und gemeinsam weiterverarbeitet werden.

Das *Global Positioning System* (GPS) ermöglicht eine absolute Positionsbestimmung sowie eine Schätzung der Geschwindigkeit und Orientierung. Die Genauigkeit erreicht standardmäßig 5 bis 15 Meter, durch Korrektursignale ist eine Verbesserung auf 0,5 bis 2 Meter möglich. Die Messrate liegt allerdings im Hertz-Bereich. Bei Abschattung von Satelliten, beispielsweise durch dichte Bebauung, oder anderen äußeren Störungen kann es zu Messausfällen kommen.

Zusätzlich dient das GPS auch zur Synchronisation der Computeruhren in den kognitiven Fahrzeugen. Das empfangene Signal enthält eine sehr präzise Zeitreferenz in der koordinierten Weltzeit, engl. *coordinated universal time* (UTC).

Eine genaue interne Zustandsbestimmung im Straßenverkehr erfordert den Einsatz eines ergänzenden Sensorsystems zur Fahrzeugortung, um die Nachteile des GPS auszugleichen. Bei der Trägheitsnavigation werden die Beschleunigungen und Drehraten in und um drei Achsrichtungen in hoher zeitlicher Auflösung gemessen. Die dazu benötigte Inertialsensorik (engl. *Inertial Measurement Unit* (IMU)) besteht aus Beschleunigungs- und Drehratensensoren. Sie sind fest mit dem Fahrzeug verbunden und ihre Achsrichtungen jeweils orthogonal zueinander orientiert. Werden die inertialen weltfesten Beschleunigungen daraus berechnet, bezeichnet man dies als *Strapdown*-Technik [Tit04]. Hiermit lässt sich eine sehr genaue und zeitlich hochaufgelöste relative Lagebestimmung durchführen, deren unvermeidliche Integrationsdrift durch die absolute Positionsbestimmung des GPS ausgeglichen werden kann.

Als kostengünstigere Ergänzung zum GPS bietet sich für Fahrzeuge statt einer IMU die Variante der Koppelnavigation an. Der Radumdrehungszähler, auch Odometer genannt, dient zur Geschwindigkeits- und Wegmessung. Mit einem Gyroskop lässt sich kontinuierlich die Drehrate des Fahrzeugs bestimmen. Kombiniert ergeben die beiden Sensoren ein robustes Koppelnavigationssystem, das sich gut eignet zur Ergänzung der absoluten Schätzung von Position und Orientierung durch das GPS. Im Folgenden werden die für das Ortungsmodul verwendeten Sensoren detailliert beschrieben mit Betrachtung der Messdatenerfassung sowie der systematischen und stochastischen Fehler.

3.2.1 Koppelnavigation

Die Koppelnavigation (engl. *Dead Reckoning*) beschreibt ein inkrementelles, relatives Ortungsverfahren, bei dem die aktuelle Position eines Fahrzeugs anhand seiner zurückgelegten Strecke und der jeweiligen Bewegungsrichtung ermittelt wird.

Die Wegmessung erfolgt mittels Radumdrehungszähler, auch Odometer genannt. Aus den gezählten Radumdrehungen n ergibt sich mit dem Raddurchmesser d der in der Zeit t zurückgelegte Weg $x(t) = \pi \cdot d \cdot n(t)$ und differenziert die Geschwindigkeit. Ungenauigkeiten in der Bestimmung des Raddurchmessers führen zu einem systematischen Fehler in der Wegmessung. Durch die kontinuierliche Schätzung des Skalenfaktors kann eine starke Drift bei der Messung der zurückgelegten Strecke vermieden werden.

Ein Gyroskop, auch Kreiselkompass oder Drehratensensor genannt, dient zur Ermittlung der Richtungsänderung traditionell basierend auf dem Prinzip der Drehimpulserhaltung. Für die Inertialnavigation kommen überwiegend MEMS-Kreisel (engl. *Micro Electro-Mechanical System*), Faserkreisel und Ringlaserkreisel zum Einsatz [Wen07]. MEMS-Kreisel gehören zu den kostengünstigen Drehratensensoren mit geringem Bauraum und zeichnen sich durch geringe Störanfälligkeit gegen Erschütterungen und Beschleunigungen aus. Eine typische Ausprägung ist das Vibrationsgyroskop, bei dem die gegenphasig schwingenden Probemassen aufgrund der Corioliskraft eine drehratenabhängige Auslenkung erfahren.

Die Drehratenmessung unterliegt dem Einfluss verschiedener Fehlerquellen, die nach doppelter Integration der Winkelbeschleunigung zur Lage eine erhebliche Drift bewirken können. Als systematischer Fehler (engl. *Bias*) wird die Nullpunktabweichung der gemessenen von den tatsächlich vorliegenden Drehrate beschrieben. Neben dem konstanten Anteil können Abweichungen abhängig von der wirkenden Beschleunigung auftreten. Der Skalenfaktorfehler weist eine lineare Abhängigkeit zur wahren Drehrate auf, die durch einen nichtlinearen Anteil überlagert werden kann. Zu den auftretenden stochastischen Fehlern gehören zeitveränderliche Abweichungen des Nullpunktfehlers, beispielsweise durch Temperaturschwankungen oder Vibrationen, sowie das sensorinhärente Rauschen.

Die Koppelnavigation vereinigt die Informationen des Radumdrehungszählers und Gyroskops und ermöglicht eine von externen Messsytemen unabhängige, relative Schätzung der Position, Geschwindigkeit und Orientierung mit hoher Datenrate. Allerdings summieren sich Messfehler, z. B. durch unrunde Räder oder Schlupf, über der Zeit und führen zu einer driftenden Positionsbestimmung. Durch die absolute Positionsmessung des GPS kann diese Drift regelmäßig korrigiert werden.

3.2.2 Global Positioning System (GPS)

Als Globales Navigationssatellitensystem (GNSS) zur Positionsbestimmung und Navigation dient heute überwiegend das vom US-Verteidigungsministerium betriebene Globale Positionsbestimmungssystem (engl. *Global Positioning System*, GPS), offiziell mit dem Zusatz *NAVigation Satellite Timing And Ranging* (NAVSTAR-GPS) bezeichnet. Es wurde seit 1973 zur weltweiten militärischen Nutzung entwickelt und erreichte 1995 seine volle Funktionalität mit 24 Satelliten in Erdumlaufbahnen. Der Aufbau des sogenannten Raumsegments ermöglicht von jedem Ort der Erde jederzeit die Sichtbarkeit von mindestens vier Satelliten. Diese senden synchron ihre Position, Zeitmarken und weitere Navigationsnachrichten an die GPS-Empfänger. Die Gesamtkontrolle des Systems einschließlich der Beobachtung und Vorausberechnung von Navigationsdaten und Fehlern obliegt dem Kontrollsegment. Aus den unterschiedlichen Laufzeiten der Satellitensignale kann abhängig von der Signalausbreitungsgeschwindigkeit der jeweilige GPS-Empfänger seine Position berechnen. Die Gesamtheit der Empfänger wird als Nutzersegment bezeichnet.

3.2.2.1 Beobachtungsgrößen des GPS

Die Positionsbestimmung des GPS-Empfängers im dreidimensionalen Raum erfolgt anhand von Streckenmessungen zu drei bekannten Satellitenpositionen. Aus den Signallaufzeiten ergeben sich die sogenannten Pseudoentfernungen, die allerdings den Fehler zwischen Empfänger- und Satellitenuhr beinhalten. Mit dem Korrektursignal eines vierten Satelliten können der Uhrenfehler und die dreidimensionale Empfängerposition im Gleichungssystem eindeutig bestimmt werden.

Eine weitere Möglichkeit zur Entfernungsmessung basiert auf Trägerphasendifferenzen. Dies erfordert allerdings die Einbeziehung eines Mehrdeutigkeitsfaktors, beispielsweise mit Hilfe eines zweiten Empfängers in größerem Abstand, und wird daher überwiegend für statische Messaufgaben in der Geodäsie verwendet. In Verbindung mit einer IMU ist auch eine Verwendung für bewegte Messungen möglich. Durch die Relativbewegung zwischen Satellit und Empfänger tritt außerdem eine Doppler-Frequenzverschiebung auf. Aus den bekannten Geschwindigkeiten der Satelliten lässt sich so die Absolutgeschwindigkeit des Empfängers berechnen [HW01].

3.2.2.2 Betrachtung der Unsicherheit

Die Genauigkeit der GPS-Positionsbestimmung wird durch verschiedene Fehlerquellen beeinträchtigt [Man98]. Unterschieden wird zwischen generellen, räumlich bedingten Fehlern, auch als *Common Mode Errors* bezeichnet, und empfängertypischen Abweichungen.

Folgende Faktoren beeinflussen die Positionsgenauigkeit des GPS im Raum- und Kontrollsegment:

- Ephemeriden: Zwischen den vorausberechneten und tatsächlichen Satellitenumlaufbahnen gibt es geringe Abweichungen, die einen Einfluss von wenigen Metern haben können.

- Satellitenkonstellation: Liegen die Satelliten nahe beisammen, verschlechtert sich die geometrische Positionsbestimmung. Beschrieben wird die relative Vergrößerung des Positionsfehlers durch den Verschlechterungsfaktor (engl. *Dilution of Precision*).

- Satellitenuhren: Fehler lassen sich trotz permanenter Kontrollen und Korrekturen der hochpräzisen Atomuhren nicht vermeiden. Dies kann eine Positionsabweichung in der Größenordnung von 1 Meter bewirken.

- SA: *Selective Availability*; künstliche Genauigkeitsminderung von mehr als 30 Metern, die seit dem 01.05.2000 auch für zivile Nutzer aufgehoben wurde.

Im Nutzersegment können Fehler verursacht werden durch:

- Ionosphäre: Ihr Einfluss auf die Ausbreitung elektromagnetischer Wellen bewirkt deutliche Laufzeitverzögerungen der Satellitensignale. Durch Verwendung zweier Sendefrequenzen können sie identifiziert und berücksichtigt werden.

- Troposphäre: Meteorologische Parameter in Abhängigkeit von der Satellitenelevation beeinflussen den insgesamt geringen Troposphärenfehler. Erst starker Schneefall kann zu Ausfällen des GPS führen.

- Mehrwegeausbreitung: Werden GPS-Signale beispielsweise an hohen Gebäuden reflektiert, kann sich die Laufzeit verlängern. Typisch sind dadurch Fehler in der Positionsbestimmung von wenigen Metern.

- Empfängeruhr: Die unvermeidliche Zeitabweichung wird durch den vierten Satelliten in der Positionsbestimmung erfasst und der Fehler dadurch eliminiert.

- Empfängerrauschen: Thermisches Rauschen und Nichtlinearitäten in den elektronischen Empfängerkomponenten verringern die Positionsgenauigkeit im Zentimeter-Bereich.

Die Summe der Fehler führt zu einer Positionsgenauigkeit von 5 bis 15 Metern. Durch die beschriebenen Korrekturen und die Verwendung des Differentiellen GPS kann eine Genauigkeit unter 2 Metern erreicht werden.

3.2.2.3 Differentielles GPS (DGPS)

Das Differentielle GPS (engl. *Differential GPS*, DGPS) bietet die Möglichkeit, durch den Vergleich mit Referenzstationen die atmosphärischen und satellitenbedingten Fehler lokal oder weiträumig zu kompensieren [Sch06]. Aus den gemessenen Pseudoentfernungen einer geodätisch fest eingemessenen Referenzstation lassen sich lokale Korrekturdaten bestimmen, die z. B. über Langwellen- oder Ultrakurzwellen-Sender an den DGPS-Empfänger übermittelt werden. Dadurch können alle Common-Mode-Fehler korrigiert werden, mit dem Abstand zur lokalen Referenzstation wächst allerdings die Ungenauigkeit der Korrekturwerte. Dieser Zusammenhang wird beim satellitengestützten Erweiterungssystem (engl. *Satellite Based Augmentation System*, SBAS) aufgehoben, indem die Korrekturdaten der räumlich verteilten Referenzstationen zentral ausgewertet werden. Die für unterschiedliche geographische Regionen ermittelten Korrekturwerte werden über Satellit bereitgestellt. Mit dem *European Geostationary Navigation Overlay Service* (EGNOS) wird europaweit seit 2006 eine Positionsgenauigkeit von 0,5 bis 2 Metern erreicht.

3.2.3 Koordinatensysteme

3.2.3.1 Koordinatentransformation

Die Positionsbestimmung durch GPS liefert dreidimensionale geographische Koordinaten im Bezug des *World Geodetic System 1984* (WGS84). Als globales Referenzellipsoid nähert sich dieses der Erdgestalt an. Durch die universale transversale Mercator-Projektion (UTM) wird das Ellipsoid winkeltreu auf ein ebenes kartesisches Koordinatensystem abgebildet, das sich für Darstellungen des Straßenverkehrs besser eignet.

Die UTM-Abbildung unterteilt das Rotationsellipsoid dazu in 6° breite Meridianstreifen mit einem Maßstabsfaktor des Zentralmeridians von 0,9996. Die Ordinate wird durch den Äquator gebildet und gibt mit vorangestellter Zonenkennzahl den Rechtswert, engl. *Easting* an. Zur Vermeidung negativer Koordinaten westlich des Zentralmeridians erhält die Abszisse (Hochwert, engl. *Northing*) den Ordinatenwert 500000 m. Die verwendete Transformation der WGS84-Koordinaten in das UTM-System ist im Anhang A.1 aufgeführt.

3.2.3.2   Vereinbarung der Koordinatensysteme

Lokales weltfestes Koordinatensystem $(X, Y, Z)_g$

Das lokale weltfeste Koordinatensystem $K_g = (X, Y, Z)_g$ bezieht sich auf ein lokal begrenztes Gebiet, innerhalb dessen die Positionen ohne UTM-typische Angaben wie der Zonenkennzahl in kartesischen Koordinaten beschrieben werden. Die X_g-Achse weist nach Ost und die Y_g-Achse nach Nord. Es dient dem Austausch aller Informationen der einzelnen Agenten und zur Beschreibung der Relationen untereinander basierend auf UTM-Koordinaten.

Körperfestes horizontiertes Koordinatensystem $(X, Y, Z)_a$

Der Ursprung des körperfesten Koordinatensystems $K_{\mathrm{VH}} = (X, Y, Z)_a$ bewegt sich mit dem Fahrzeug und liegt auf Fahrbahnhöhe in der Fahrzeugmitte. Die X_a-Achse weist in Fahrzeuglängsrichtung nach vorn, die Y_a-Achse nach links und die Z_a-Achse senkrecht nach oben. Im horizontierten Koordinatensystem sind Wankwinkel Φ, Gierwinkel Ψ und Nickwinkel Θ des körperfesten bezüglich des weltfesten Koordinatensystems gleich Null, d. h. $(\Phi, \Psi, \Theta)_{ga} = 0$.

Sensor-Koordinatensystem $(X, Y, Z)_s$

Der Ursprung des Sensor-Koordinatensystems $K_\mathrm{s} = (X, Y, Z)_s$ liegt im Zentrum des jeweiligen Sensors, wobei X_s die Längsachse nach vorn und Z_s die Hochachse bezeichnet. Die Messwerte der Umfeldsensorik werden bezüglich dieses Koordinatensystems angegeben. Für die Umrechnung vom körperfesten horizontierten Koordinatensystem werden Eulerwinkel verwendet gemäß Anhang A.2. Mit der Rotationsmatrix $\mathbf{R}$ aus Gl. (A.4) ergibt sich damit die Transformationsvorschrift zu

$$\begin{bmatrix} X_s \\ Y_s \\ Z_s \end{bmatrix} = \mathbf{R} \begin{bmatrix} X_s - x_{as} \\ Y_s - y_{as} \\ Z_s - z_{as} \end{bmatrix}. \tag{3.5}$$

Mit der Rotationsmatrix wird die Ausrichtung des Sensors beschrieben. Zusätzlich unterliegen die Achsen den Nick-, Gier- und Wankbewegungen des Fahrzeugs bezüglich des horizontierten Koordinatensystems.

3.3 Fusion zur Schätzung des eigenen Fahrzeugzustands

Durch die Fusion der Ortungsinformation verschiedener Sensoren soll der eigene Fahrzustand des Sensorfahrzeugs kontinuierlich geschätzt werden. Basierend auf GPS und der Koppelnavigation umfasst dieser die absolute Position in der Ebene, die Geschwindigkeit und Orientierung. Nach einer Übersicht möglicher Fusionsansätze wird das gewählte Verfahren genauer vorgestellt.

3.3.1 Fusionsarchitektur

An die Filterung werden folgende Anforderungen gestellt:

- Schätzung der aktuellen Position, Geschwindigkeit und Orientierung des Fahrzeugs mit hoher Taktrate

- sicheres Verfolgen von schnellen Manövern, insbesondere Richtungsänderungen

- Überbrückung von GPS-Ausfällen

Für die Datenfusion zur Ortung sind mehrere Schemata denkbar, von denen im Folgenden zwei vorgestellt werden:

Das zentralisierte Filter beinhaltet eine gemeinsame Zustandsschätzung. Es erfolgt die komplette Verflechtung der Rohdaten aller Sensoren. In einem eng gekoppelten System können die GPS-Messungen der Pseudoentfernungen oder Trägerphasendifferenz direkt verarbeitet werden. Dies ermöglicht auch die Berücksichtigung unvollständiger GPS-Information. Für die Messdatenerfassung sind allerdings spezielle Empfänger erforderlich. Um die Positions- und Geschwindigkeitsmessungen des GPS verwenden zu können, werden in dieser Arbeit ausschließlich lose gekoppelte Systeme betrachtet.

Die kaskadierende Filterung verarbeitet die Informationen der Sensoren aufeinander folgend in mehreren Filtern. Dadurch können die vorverarbeiteten Informationen zur Stützung anderer Daten in einem weiteren Filter eingesetzt werden. In dem kaskadierenden Ansatz lassen sich Messfehler teilweise schon vor der Fusion korrigieren. Die Erweiterung um neue Komponenten ist bei dieser Struktur problemlos.

Aufgrund dieser Vorteile erfolgt die Zustandsschätzung über eine kaskadierende Filterung, wobei ein indirektes Kalman-Filter und für den Gesamtzustand ein erweitertes Kalman-Filter verwendet wird. Mit einem indirekten Kalman-Filter können einzelne Abweichungen zur Korrektur der totalen Zustände geschätzt werden, die in das erweiterte Kalman-Filter eingehen.

3.3.2 Implementierung der Zustandsschätzung des Ortungsmoduls

Der Fahrzeugzustand wird durch die Parameter Position (x, y), Gierwinkel ψ, Gierrate w und Geschwindigkeit v beschrieben. In die Schätzung gehen die Messdaten von GPS, Gyroskop und Odometer ein, wobei die Sensoren der Koppelnavigation eine höhere Taktrate als das GPS aufweisen. Die Schätzung des Fahrzeugzustands erfolgt in einem erweiterten Kalman-Filter, wie in Bild 3.1 dargestellt. Für die Modellierung wird ein Systemmodell in Polarkoordinaten mit konstanter Geschwindigkeit $v = \text{const.}$ und Gierrate $w = \text{const.}$ gewählt. Die Gierrate w und Geschwindigkeit v werden vor der Ortungsfusion in indirekten Kalman-Filtern mit Korrektur der totalen Größen geschätzt. In der Vorfilterung werden die Fehlergrößen der Gierratenmessung Δw mit Skalenfaktor Δs und Nullpunktfehler Δb des Gyroskops sowie der Geschwindigkeitsmessung Δv mit den Impulsen pro Meter ΔN des Odometers über indirekte Kalman-Filter geschätzt. Auf dieser Basis erfolgt die Korrektur der totalen Größen. Liegen für einen Zeitschritt zusätzlich GPS-Messungen vor, stützen die GPS-Messungen der Orientierung $\tilde{\psi}_{\text{gps}}$ und der Geschwindigkeit $\tilde{v}_{\text{gps}}$ die Beobachtungen des Gyroskops $\tilde{w}_{\text{gyro}}$ und des Odometers $\tilde{n}_{\text{odo}}$. In das erweiterte Kalman-Filter geht zusätzlich die absolute Positionsmessung des GPS $\tilde{x}_{\text{gps}}$, $\tilde{y}_{\text{gps}}$ ein.

3.3.2.1 Indirektes Kalman-Filter zur Geschwindigkeitsschätzung

Die Bestimmung der Fahrzeuggeschwindigkeit v beruht auf den gemessenen Impulsen des Odometers $\tilde{n}_{\text{odo}}$. Sie lässt sich berechnen mit $v = \tilde{n}_{\text{odo}} \cdot (N \cdot t_{\text{odo}})^{-1}$, wobei t_{odo} die Taktzeit und N die Impulse pro Meter des Odometers angeben. Der Zustandsvektor der geschätzten Größen lautet $\hat{\mathbf{x}}_k = [\hat{v}_k \ \hat{N}_k]^{\text{T}}$. Ergänzend werden die GPS-Messungen der Geschwindigkeit $\tilde{v}_{\text{gps}}$ verwendet. Es wird ein Modell konstanter Geschwindigkeit angenommen, bei dem Beschleunigungen im Systemrauschen $\mathbf{c}$ abgebildet sind. Werden die Fehlergrößen Δv und ΔN im indirekten

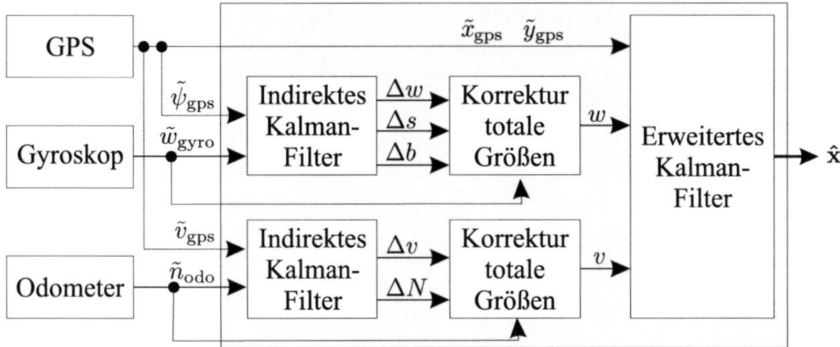

Bild 3.1: Schema des Ortungsmoduls zur Schätzung des Fahrzeugzustands aus Messdaten des Gyroskops und Odometers, gestützt durch GPS.

Kalman-Filter modelliert, ergibt sich dessen Systemmodell gemäß Gl. 2.10ff nach Taylor-Approximation erster Ordnung um den geschätzten Zustand $\hat{\mathbf{x}}_{k-1}$ als Arbeitspunkt zu

$$\Delta \mathbf{x}_k = \mathbf{x}_k - \hat{\mathbf{x}}_k = \begin{bmatrix} 1 & 0 \\ 0 & 1 \end{bmatrix} \begin{bmatrix} \Delta v_{k-1} \\ \Delta N_{k-1} \end{bmatrix} + \begin{bmatrix} 1 \\ 0 \end{bmatrix} \mathbf{c}_{k-1} \, . \tag{3.6}$$

Aufgrund der unterschiedlichen Messvorgänge des Odometers und GPS werden für den Innovationsschritt zwei Beobachtungsmodelle benötigt. Die durch das Odometer gemessenen Impulse $\tilde{n}_{\mathrm{odo}}$ lassen sich beschreiben durch

$$\tilde{n}_{k,\mathrm{odo}} = v_k \cdot N_k \cdot t_{\mathrm{odo}} + e_{k,\mathrm{odo}} \, , \tag{3.7}$$

mit dem Messrauschen des Odometers $e_{k,\mathrm{odo}}$ aufgrund seiner ganzzahligen Impulse. Um die Beobachtungsgleichung in Abhängigkeit der Differenzen des Systemzustands zu formulieren, wird die Gl. 3.7 um den Arbeitspunkt $\hat{\mathbf{x}}_k$ linearisiert. Mit der Messmatrix des Odometers führt die Differenz $(\tilde{n}_{k,\mathrm{odo}} - \hat{n}_{k,\mathrm{odo}})$ auf das Beobachtungsmodell der Fehlergrößen:

$$\begin{aligned} \Delta \tilde{n}_{k,\mathrm{odo}} &= \mathbf{H}_{\mathbf{x},\mathrm{odo}} \, \Delta \mathbf{x}_k + e_{k,\mathrm{odo}} \\ &= [N_k \cdot t_{\mathrm{odo}} \quad v_k \cdot t_{\mathrm{odo}}] \, \Delta \mathbf{x}_k + e_{k,\mathrm{odo}} \, . \end{aligned} \tag{3.8}$$

Das GPS liefert unmittelbar einen Geschwindigkeitsmesswert des Fahrzeugs. Die Abweichung zwischen gemessener und geschätzter Geschwindigkeit lässt sich für die Beobachtungsgleichung des GPS berechnen als die Differenz $(\tilde{v}_{k,\mathrm{gps}} - \hat{v}_k)$:

$$\Delta \tilde{v}_{k,\mathrm{gps}} = \mathbf{H}_{\mathbf{x},\mathrm{gps}} \, \Delta \mathbf{x}_k + e_{k,\mathrm{gps}} = [1 \quad 0] \, \Delta \mathbf{x}_k + e_{k,\mathrm{gps}} \, . \tag{3.9}$$

Bei jeder neuen Messung des Radumdrehungszählers wird der Prädiktions- und Innovationsschritt des indirekten Kalman-Filters mit dem zugehörigen Beobachtungsmodell ausgeführt. Mit den geschätzten Fehlergrößen erfolgt anschließend die Korrektur der totalen Zustandsgrößen v und N gemäß

$$\hat{\mathbf{x}}_k = \hat{\mathbf{x}}_k^- + \Delta\hat{\mathbf{x}}_k^+ \ . \tag{3.10}$$

Liegt zeitgleich eine Messung des GPS vor, wird ohne weitere Prädiktion auch diese Beobachtung in einem Innovationsschritt verarbeitet und zur Korrektur der Geschwindigkeit verwendet.

Bild 3.2 zeigt die Ergebnisse einer Geschwindigkeitsschätzung mit dem indirekten Kalman-Filter für Messdaten aus einer Fahrt mit dem Versuchsfahrzeug. In die Fehler-Schätzung gehen die Odometer-Impulse $\tilde{n}_{\mathrm{odo}}$ mit $t_{\mathrm{odo}} = 0,06\,\mathrm{s}$ ein. Gestützt wird die Schätzung durch die vom GPS mit $1\,\mathrm{Hz}$ gemessene Geschwindigkeit $\tilde{v}_{\mathrm{gps}}$. Für die Kalibrierung der Impulse pro Meter N des Odometers wurde als Startwert $N = 5$ gewählt. Der korrekte Parameter N ist bereits nach kurzer Zeit erreicht und wird bei systembedingten Veränderungen dynamisch mitgeschätzt. Das Ergebnis der Geschwindigkeitsschätzung dient zur Filteranpassung der Gierratenschätzung und geht in die Ortungsfusion ein.

3.3.2.2 Indirektes Kalman-Filter zur Gierratenschätzung

Mit dem Zustandsvektor $\mathbf{x}_k = [w_k \ \ s_k \ \ b_k]^{\mathrm{T}}$ werden die totalen Größen Gierrate w sowie Skalenfaktor s und Nullpunktfehler (Bias) b des Gyroskops erfasst. Das Systemmodell des indirekten Kalman-Filters erfordert eine Formulierung in Abhängigkeit der Fehlergrößen Δw, Δs und Δb. Nach Taylor-Approximation erster Ordnung der Zustandsgleichung um den geschätzten Zustand $\hat{\mathbf{x}}_{k-1}$ als Arbeitspunkt ergibt sich die Differenz $(\mathbf{x}_k - \hat{\mathbf{x}}_k)$ zu

$$\Delta\mathbf{x}_k = \begin{bmatrix} 1 & 0 & 0 \\ 0 & 1 & 0 \\ 0 & 0 & 1 \end{bmatrix} \begin{bmatrix} \Delta w_{k-1} \\ \Delta s_{k-1} \\ \Delta b_{k-1} \end{bmatrix} + \begin{bmatrix} 1 \\ 0 \\ 0 \end{bmatrix} \mathbf{c}_{k-1} \tag{3.11}$$

mit Systemrauschen $\mathbf{c}$. In die Gierratenschätzung sollen die Messungen des Drehratensensors und GPS eingehen, für die zwei verschiedene Beobachtungsmodelle benötigt werden. Das Gyroskop lässt sich modellieren durch

$$\tilde{w}_{k,\mathrm{gyro}} = s_k \cdot w_k + b_k + e_{k,\mathrm{gyro}} \tag{3.12}$$

mit der gemessenen Drehrate $\tilde{w}_{k,\mathrm{gyro}}$ sowie dem Sensorrauschen $e_{k,\mathrm{gyro}}$.

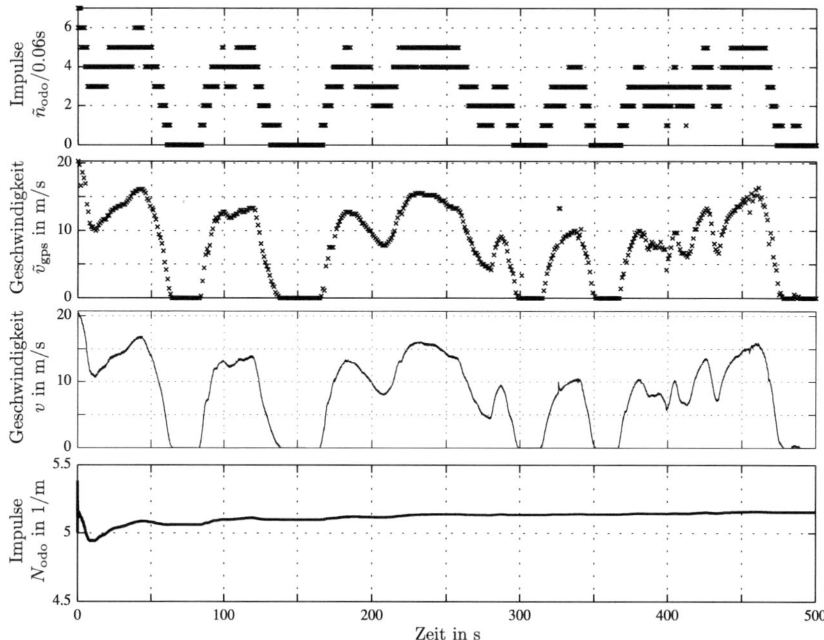

Bild 3.2: Ergebnis der Schätzung von Geschwindigkeit v und Impulsen pro Meter N des Odometers aus Odometer-Impulsen $\tilde{n}_{\mathrm{odo}}$ und GPS-Geschwindigkeit $\tilde{v}_{\mathrm{gps}}$ über das indirekte Kalman-Filter, Messdaten aus dem Versuchsfahrzeug.

Die Differenz der linearisierten Beobachtungsgleichungen $(\tilde{w}_{k,\mathrm{gyro}} - \hat{w}_{k,\mathrm{gyro}})$ führt auf das Beobachtungsmodell der Fehler des Drehratensensors:

$$\Delta \tilde{w}_{k,\mathrm{gyro}} = \mathbf{H}_{\mathbf{x},\mathrm{gyro}} \Delta \mathbf{x}_k + e_{k,\mathrm{gyro}} = [s_k \ w_k \ 1] \, \Delta \mathbf{x}_k + e_{k,\mathrm{gyro}} \, . \qquad (3.13)$$

Den Sonderfall des stehenden Fahrzeugs erfasst ein adaptives Filter besser, wobei die Anpassung in Abhängigkeit der Fahrzeuggeschwindigkeit erfolgt. Wird diese zu Null geschätzt, kann das Systemrauschen des indirekten Kalman-Filters reduziert werden. In diesem Fall ist auch die Drehrate Null und der Skalenfaktor nicht beobachtbar. Durch die angepasste Beobachtungsmatrix des Drehratensensors kann nun der Nullpunktfehler genau bestimmt werden:

$$\mathbf{H}_{\mathbf{x},\mathrm{gyro},0} = [0 \ 0 \ 1] \, . \qquad (3.14)$$

Mit GPS lässt sich die Drehrate aus der zeitlichen Veränderung des gemessenen Gierwinkels ψ_{gps} berechnen:

$$\tilde{w}_{k,\mathrm{gps}} = \frac{\mathrm{d}\tilde{\psi}_{k,\mathrm{gps}}}{\mathrm{d}t_{\mathrm{gps}}} = \frac{\tilde{\psi}_{k,\mathrm{gps}} - \tilde{\psi}_{k-1,\mathrm{gps}}}{t_{\mathrm{gps}}} \, . \qquad (3.15)$$

Das Beobachtungsmodell des Fehlers ergibt sich damit aus der Differenz $(\mathrm{d}\tilde{\psi}_{k,\mathrm{gps}} - \mathrm{d}\hat{\psi}_{k,\mathrm{gps}})$ zu

$$\Delta \tilde{\psi}_{k,\mathrm{gps}} = \mathbf{H}_{\mathbf{x},\mathrm{gps}} \Delta \mathbf{x}_k + e_{k,\mathrm{gps}} = [t_{\mathrm{gps}} \ 0 \ 0] \Delta \mathbf{x}_k + e_{k,\mathrm{gps}} \, . \qquad (3.16)$$

Für jede Messung des Gyroskops werden mit dem Innovationsschritt des indirekten Kalman-Filters erneut die Fehlergrößen geschätzt, anhand derer der totale Systemzustand korrigiert werden kann. Dies gilt gegebenenfalls auch für zeitgleiche Gierwinkelmessungen des GPS, die jedoch erst ab einer Mindestgeschwindigkeit einbezogen werden. Durch diese Anpassung des Filters wird berücksichtigt, dass das GPS die Orientierung bei niedrigen Geschwindigkeiten prinzipbedingt kaum erfassen kann und bei Stillstand auf Nord zurücksetzt.

In Bild 3.3 werden Ergebnisse der Schätzung der Gierrate w mit dem beschriebenen indirekten Kalman-Filter für Daten aus einer Messfahrt vorgestellt. Die aus der GPS-Messung errechnete Gierrate $\tilde{w}_{\mathrm{gps}}$ ist bereits entsprechend des adaptiven Filters bereinigt. Dadurch wird eine sinnvolle Stützung der Gyroskop-Messungen möglich. Die Gyroskop-Parameter Skalenfaktor und Nullpunktfehler sind zu Beginn unbekannt und werden zu $s = 1$ und $b = 0$ angenommen. Gestützt durch die Gierwinkelmessung des GPS kalibriert das Filter innerhalb kurzer Zeit die Parameter des Drehratensensors. Das Ergebnis der Gierratenschätzung wird in dem erweiterten Kalman-Filter für die gesamte Zustandsschätzung verwendet.

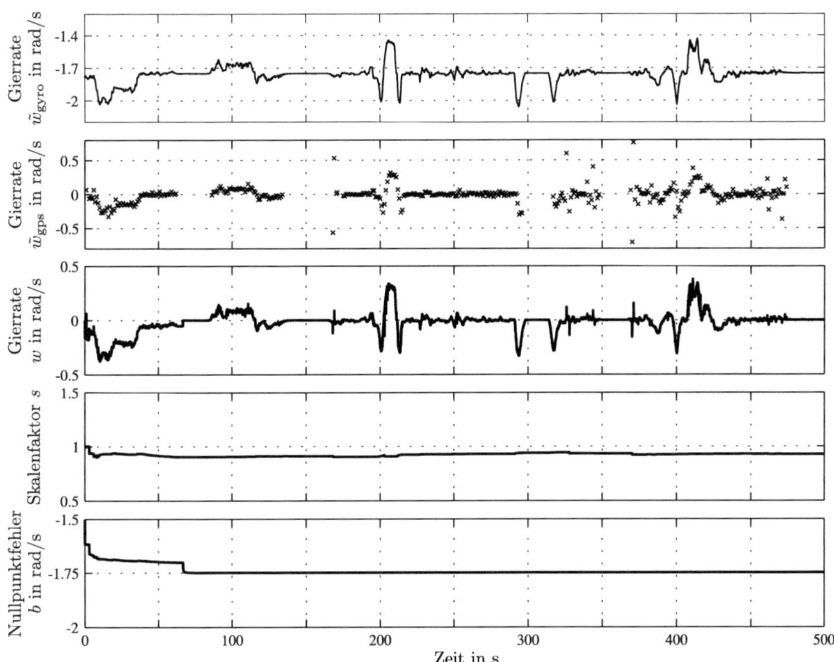

Bild 3.3: Ergebnis der Schätzung von Gierrate w, Skalenfaktor s und Nullpunktfehler b aus der Messung der Gierrate $\tilde{w}_{\mathrm{gyro}}$ des Gyroskops gestützt durch die Gierwinkelmessung $\tilde{\psi}_{\mathrm{gps}}$ des GPS über ein indirektes Kalman-Filter.

3.3.2.3   Erweitertes Kalman-Filter als Hauptfilter

Für die Modellierung des Fahrzeugzustands wird eine Fahrt mit konstanter Gierrate und konstanter Geschwindigkeit angenommen. Aufgrund der kurzen Taktzeit Δt von Gyroskop und Radumdrehungszähler kann bei der Berechnung der Position (x, y) die Änderung des Gierwinkels als klein angenommen werden, so dass die Näherung gilt $\sin(\frac{1}{2} w \Delta t) \approx \frac{1}{2} w \Delta t$.

Der Zustandsvektor besteht aus der Position (x, y) in UTM-Koordinaten, dem Gierwinkel ψ, der Gierrate $w = \dot{\psi}$ sowie der Geschwindigkeit v. Der Eingang $\mathbf{u}$ wird zu Null angenommen, da keine Informationen über die Steuerung des Fahrzeugs durch den Fahrer vorliegen. Das Systemmodell für die üblichen Fahrmanöver führt zu folgender nichtlinearer Zustandsgleichung:

$$
\begin{aligned}
\mathbf{x}_k &= \mathbf{f}_{k-1}(\mathbf{x}_{k-1}, \mathbf{u}_{k-1}, \mathbf{c}_{k-1}) \\[2mm]
&= \begin{bmatrix}
x_{k-1} + \Delta t\, v_{k-1} \cos(\psi_{k-1} + \frac{1}{2}\Delta t\, w_{k-1}) \\
y_{k-1} + \Delta t\, v_{k-1} \sin(\psi_{k-1} + \frac{1}{2}\Delta t\, w_{k-1}) \\
\psi_{k-1} + \qquad\qquad \Delta t\, w_{k-1} \\
w_{k-1} \\
v_{k-1}
\end{bmatrix} \\[2mm]
&\quad + \begin{bmatrix}
c_{v,k-1} \frac{1}{2}\Delta t^2 \cos(\psi_{k-1} + \frac{1}{2}\Delta t\, w_{k-1}) \\
c_{v,k-1} \frac{1}{2}\Delta t^2 \sin(\psi_{k-1} + \frac{1}{2}\Delta t\, w_{k-1}) \\
c_{w,k-1} \frac{1}{2}\Delta t^2 \\
c_{w,k-1}\Delta t \\
c_{v,k-1}\Delta t
\end{bmatrix} ,
\end{aligned}
\tag{3.17}
$$

mit dem Systemrauschen der Gierrate $c_{w,k-1}$ und der Geschwindigkeit $c_{v,k-1}$.

Zur besseren Übersicht werden die Variablen $s_{k-1} = \sin(\psi_{k-1} + \frac{1}{2}\Delta t\, w_{k-1})$ und $c_{k-1} = \cos(\psi_{k-1} + \frac{1}{2}\Delta t\, w_{k-1})$ eingeführt.

Die graphische Darstellung des Übergangs von $k-1$ nach k mit dem Systemmodell aus Gl. 3.17 zeigt Bild 3.4.

Für das erweiterte Kalman-Filter erfolgt eine Taylor-Approximation erster Ordnung um die geschätzten Systemzustände $\hat{\mathbf{x}}_{k-1}^{+}$. Damit erhält man als linearisiertes Systemmodell

$$
\mathbf{x}_k = \mathbf{F}_{k-1}\mathbf{x}_{k-1} + \mathbf{L}_{k-1} c_{k-1} \, .
\tag{3.18}
$$

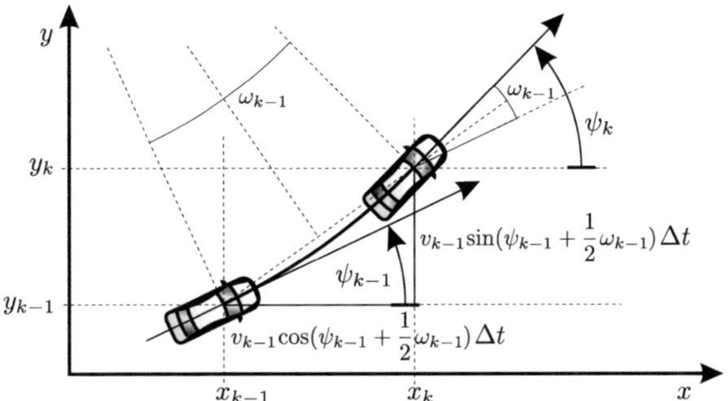

Bild 3.4: Graphische Darstellung des Übergangs von $k-1$ nach k mit dem Systemmodell des erweiterten Kalman-Filters für konstante Kurvenfahrt. Dabei ist der durch die konstante Drehrate w_{k-1} in einem Zeitschritt überstrichene Winkel $\omega_{k-1} = \Delta t\, w_{k-1}$.

Die partiell abgeleiteten Matrizen $\mathbf{F}$ und $\mathbf{L}$ ergeben sich zu

$$\mathbf{F}_{k-1} = \left.\frac{\partial \mathbf{f}_{k-1}}{\partial \mathbf{x}}\right|_{\hat{\mathbf{x}}_{k-1}} =$$

$$\begin{bmatrix} 1 & 0 & -\Delta t\, v_{k-1}s_{k-1} & -\frac{1}{2}\Delta t^2 v_{k-1}s_{k-1} & \Delta t\, c_{k-1} \\ 0 & 1 & \Delta t\, v_{k-1}c_{k-1} & \frac{1}{2}\Delta t^2 v_{k-1}c_{k-1} & \Delta t\, s_{k-1} \\ 0 & 0 & 1 & \Delta t & 0 \\ 0 & 0 & 0 & 1 & 0 \\ 0 & 0 & 0 & 0 & 1 \end{bmatrix}, \qquad (3.19)$$

$$\mathbf{L}_{k-1} = \left.\frac{\partial \mathbf{f}_{k-1}}{\partial \mathbf{c}}\right|_{\hat{\mathbf{x}}_{k-1}} = \begin{bmatrix} 0 & \frac{1}{2}\Delta t^2 c_{k-1} \\ 0 & \frac{1}{2}\Delta t^2 s_{k-1} \\ \frac{1}{2}\Delta t^2 & 0 \\ \Delta t & 0 \\ 0 & \Delta t \end{bmatrix}. \qquad (3.20)$$

In das erweiterte Kalman-Filter gehen unterschiedliche Sensordaten ein, für die zwei Beobachtungsmodelle formuliert werden. Mit höherer Taktrate liefern Gyroskop und Radumdrehungszähler Messungen zur Gierrate und Geschwindigkeit. Bei ihrer Vorverarbeitung in indirekten Kalman-Filtern wurden bereits die GPS-Messungen der Orientierung und Geschwindigkeit berücksichtigt. Das lineare Beobachtungsmodell für die vorverarbeiteten Messdaten lautet:

$$\tilde{\mathbf{z}}_{k,\text{eskf}} = \begin{bmatrix} \tilde{w}_k \\ \tilde{v}_k \end{bmatrix} = \begin{bmatrix} 0 & 0 & 0 & 1 & 0 \\ 0 & 0 & 0 & 0 & 1 \end{bmatrix} \mathbf{x}_k + e_{k,\text{eskf}}. \qquad (3.21)$$

Zusätzlich liefert das GPS die absoluten Positionsmessungen mit einer reduzierten Taktrate von 1 Hz. Dies lässt sich durch folgendes Beobachtungsmodell beschreiben:

$$\tilde{\mathbf{z}}_{k,\mathrm{gps}} = \begin{bmatrix} \tilde{x}_k \\ \tilde{y}_k \end{bmatrix} = \begin{bmatrix} 1 & 0 & 0 & 0 & 0 \\ 0 & 1 & 0 & 0 & 0 \end{bmatrix} \mathbf{x}_k + e_{k,\mathrm{gps}} \; . \tag{3.22}$$

Das Systemrauschen wird adaptiv modelliert, um sowohl gerade Strecken als auch Kurvenführungen gut zu erfassen. Liegt die Gierrate unterhalb eines niedrigen Schwellwertes, wird ein deutlich geringeres Systemrauschen der Gierrate angenommen. Um die Drift der Messdaten bei Stillstand zu verringern, erfolgt in diesem Fall keine Prädiktion des erweiterten Kalman-Filters. Der Innovationsschritt wird nur aufgrund von Beobachtungen des Radumdrehungszählers und Gyroskops vorgenommen.

3.3.2.4 Bewertung

Als Ergebnis der Schätzung des erweiterten Kalman-Filters erhält man neben der weiterverarbeiteten Geschwindigkeit und Gierrate den Gierwinkel ψ des Fahrzeugs, dargestellt für eine Testfahrt in Bild 3.5.

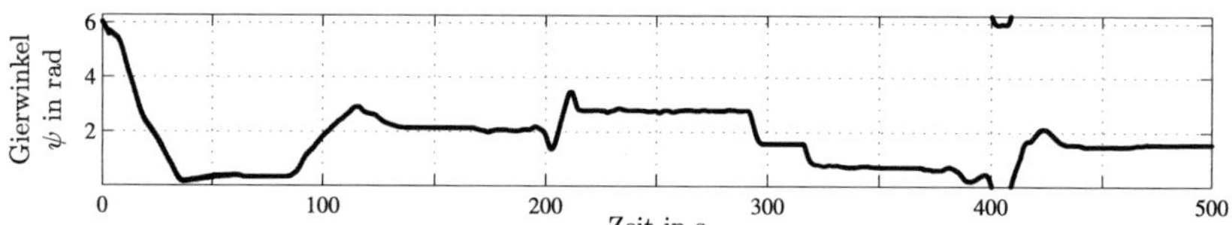

Bild 3.5: Ergebnis der Gierwinkelschätzung durch das erweiterte Kalman-Filter auf Basis der vorgefilterten Daten sowie der GPS-Messungen $(\tilde{x}_{\mathrm{gps}}, \tilde{y}_{\mathrm{gps}})$.

Die Orientierung wird gut geschätzt, das Filter erfasst Richtungsänderungen durch die mit hoher Taktzahl gemessene Gierrate schnell und zuverlässig. Die Filterung sorgt für eine Gierwinkelschätzung mit geringem Rauschen. Auf geraden Strecken bleibt der Gierwinkel nahezu konstant. Durch die Anpassung des Systemrauschens bei höheren Gierraten werden aber auch Änderungen der Orientierung bei Spurwechsel und Kurven sicher erfasst. Durch die kurze Taktzeit und Vorfilterung eignet sich die linearisierte Modellierung im erweiterten Kalman-Filter gut zur Schätzung des nichtlinearen Zustands wie Bild 3.6 zeigt.

Die absolute Genauigkeit der Positionsschätzung wird durch die Genauigkeit der GPS-Messungen bestimmt. Die Koppelnavigation glättet das Rauschen der GPS-Positionsmessungen. Mit einer angepassten Filterung für das stehende Fahrzeug

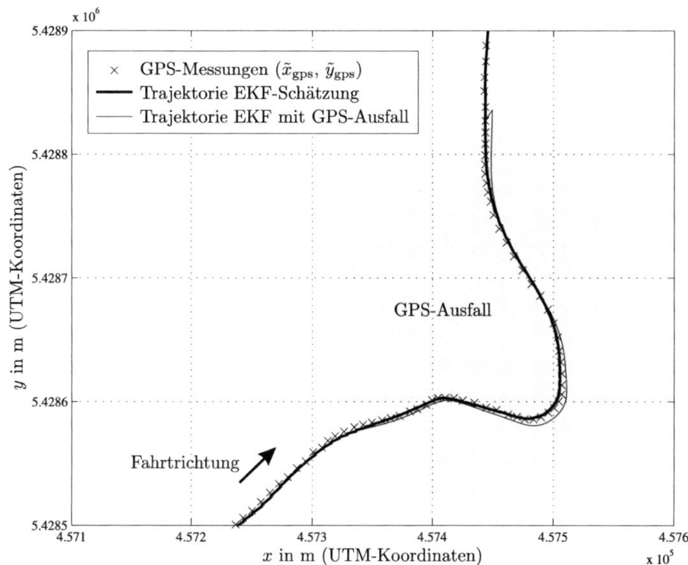

Bild 3.6: Ergebnis der Positionsschätzung durch das erweiterte Kalman-Filter auf Basis der vorgefilterten Daten sowie der GPS-Messungen $(\tilde{x}_{\mathrm{gps}}, \tilde{y}_{\mathrm{gps}})$. In einer zweiten Filterung wurde ein Ausfall des GPS über 50s simuliert, der zu geringen Abweichungen der Trajektorie führt. Wenn das GPS-Signal wieder zur Verfügung steht, kommt es zu einer sprungförmigen Korrektur der Position.

kann eine Drift der Zustandsschätzung bei Geschwindigkeit Null vermieden werden. Durch die Vorfilterung der Daten des Radumdrehungszählers und Gierratensensors werden Geschwindigkeit und Gierrate bereits zuverlässig geschätzt, so dass längere Ausfälle bzw. einzelne Ausreißer des GPS sicher überbrückt werden. Dabei wächst die Kovarianz stark an bis zur nächsten absoluten Positionsmessung.

In Bild 3.6 wurde ein GPS-Ausfall zwischen der Zeit $t_1 = 390\,\mathrm{s}$ und $t_2 = 440\,\mathrm{s}$ bzw. über 400m simuliert und die Trajektorienschätzung des Ortungsmoduls zum Vergleich eingezeichnet. Mit Hilfe der Koppelnavigation kann der Ausfall gut überbrückt werden, selbst die Abweichungen bei Richtungsänderungen sind akzeptabel. Nach wieder einsetzendem GPS-Signal kommt es aufgrund der stark gestiegenen Kovarianz zu einer sprungförmigen Korrektur der Positionsschätzung.

Insgesamt wird der Fahrzeugzustand durch das Ortungsmodul genau genug geschätzt, um eine globale Registrierung für die kooperative Wahrnehmung zu ermöglichen. Falls für spezielle Anwendungen eine höhere Genauigkeit erforderlich wäre, kann die Lokalisierung mit den im folgenden Abschnitt vorgestellten Ansätzen verbessert werden.

3.3.3 Verbesserung der Ortung

Es gibt mehrere Möglichkeiten zur Verbesserung des Ortungsmoduls. Mit einer aufwändigeren Sensorik lässt sich die Genauigkeit der Messdaten verbessern. Dabei führt insbesondere der Einsatz einer Trägheitsnavigation mit Inertialsensorik (IMU) zu deutlich besseren Ergebnissen. Die Kosten einer hochgenauen IMU stehen allerdings einem breiten Einsatz im Fahrzeug entgegen.

3.3.3.1 Zeitliche Glättung

Durch die unterschiedlichen Taktzeiten der Sensoren kommt es bei neuen GPS-Messungen teilweise zu Sprüngen in der Trajektorienschätzung. Dies entspricht zwar der Eigenschaft des Kalman-Filters einer minimalen Fehlervarianz, die Unstetigkeit steht allerdings dem real möglichen Fahrverhalten entgegen. Ob sie sich problematisch auswirkt, hängt von der vorgesehenen Nutzung ab. Bei Bedarf kann eine stetige Schätzung über eine zeitliche Glättung hergestellt werden. Eine Möglichkeit ist die Retrodiktion mit einem Rückwärts-Kalman-Filter, bei der vergangene Schätzungen aufgrund neuerer Beobachtungen korrigiert werden. Abhängig von der Länge des Glättungsintervalls steigt allerdings der Rechenaufwand der Retrodiktion [Sim03]. Alternativ kann die Schätzung des Kalman-Filters über mehrere Zeitschritte erfolgen, verbunden mit einer größeren Totzeit. Aufgrund der Nachteile bietet es sich an, eine solche Glättung nur im Falle ausbleibender GPS-Informationen vorzusehen.

3.3.3.2 Integration von Karten- und Videoinformation

Die Integration weiterer Informationen ist eine Alternative zur Verbesserung der absoluten Positionsschätzung. Hierbei bieten sich Karteninformationen und Umgebungsdaten wie Fahrspurmarkierungen an. Durch die Fusion werden zusätzliche Informationen über die Straßeninfrastruktur gewonnen. Gleichzeitig lässt sich die eigene Position und Orientierung bezüglich der Fahrspuren oder Kreuzungsanordnung genauer schätzen. Da sich die Teilnehmer im Straßenverkehr normalerweise innerhalb der vorgesehenen Markierungen bewegen, kann diese Information die Umfeldwahrnehmung stützen.

Ein Ansatz zur Fahrspurerkennung, insbesondere für komplexe Geometrie in innerstädtischen Kreuzungsbereichen, besteht in der Fusion der Informationen einer digitalen Karte mit Videobilddaten [Tis06b]. Die Basis bildet eine Zuordnung der Positionsschätzung zur digitalen Karte. Für dieses *Map Matching* stellt [Hum05] einen robusten Ansatz mit stochastischen Klassifikationsverfahren vor. Über ein verdecktes Markov-Modell (engl. *Hidden Markov Model*) wird die Topologie des Straßennetzes einbezogen. Eine Erweiterung berücksichtigt für die Übergangswahrscheinlichkeiten zwischen den Elementen Informationen über die mögliche und angenommene Fahrtrichtung.

Durch das *Map Matching* kann die in der digitalen Karte hinterlegte Topologie als *a priori* Information zur Generierung von Topologie- und Geometriehypothesen genutzt werden. Statt im Videobild komplexe Fahrspurgeometrien zu schätzen, lassen sich damit Paare möglicher Geometrie- und Positionshypothesen im Bild testen. Es handelt sich um einen vielversprechenden Ansatz zur Verbesserung der Ortung. Für den Einsatz der Kreuzungserkennung im Fahrzeug müssen die Hypothesentests allerdings noch weiterentwickelt werden.

3.4 Erfassung des Fahrzeugumfelds

3.4.1 Charakterisierung der Umfeldsensorik

Um Informationen über die Umgebung des Fahrzeugs zu gewinnen, wird es mit fahrzeuggebundener Umfeldsensorik ausgestattet. Diese Umfeldsensoren lassen sich allgemein über folgende Merkmale charakterisieren:

- *Messgröße und Messprinzip:* Die Sensoren erfassen unterschiedliche Messgrößen, mit denen verschiedene Eigenschaften und Zustände der Umgebung beschrieben werden. Bei der Detektion von Objekten können als Merkmal beispielsweise die Lage und Bewegung, Abmessungen und Typ dienen. Für die Erfassung der Umgebung wird zwischen passiven und aktiven Sensoren unterschieden. Durch eine Fusion der heterogenen Sensorinformationen lässt sich ein umfassendes Bild des Umfelds gewinnen.

- *Genauigkeit:* Die Genauigkeit umfasst die Richtigkeit einer Messung, beschrieben durch systematische Abweichungen (engl. *Bias*) sowie die Präzision, deren Maß die Standardabweichung oder Varianz ist [Sch97].

- *Entdeckungs- und Falschalarmwahrscheinlichkeit:* Die Entdeckungswahrscheinlichkeit besagt, mit welcher Wahrscheinlichkeit ein vorhandenes Objekt detektiert wird. Die Falschalarm- oder Falschmeldewahrscheinlichkeit charakterisiert dagegen das Verhalten eines Sensors, wenn im Sichtbereich kein Objekt existiert.

- *Messbereich und Auflösung:* Der Sensor erfasst eine Messgröße nur innerhalb eines vorgesehenen Messbereichs. Das Auflösungsvermögen bzw. die Trennfähigkeit charakterisieren, welche Objekte oder Messgrößen vom Sensor noch unterschieden werden können.

- *Reichweite und Öffnungswinkel:* Für die Beschreibung des geometrischen Erfassungsbereichs sind Reichweite und Öffnungswinkel charakteristische Parameter, die für einen Sensor meist konstant bleiben.

- *Ausrichtung:* Die Ausrichtung eines Sensors ist variabel und wird über die Orientierung der Mittelachse bezüglich der Fahrzeugkoordinaten von $-\pi$ bis π angegeben. Sie weist häufig in Bewegungsrichtung des Sensorfahrzeugs nach vorn, kann im Rahmen einer Aufmerksamkeitssteuerung aber auch gezielt verändert werden. In diesem Fall ist eine kontinuierliche Kalibrierung der Ausrichtung erforderlich.

- *Datenraten und Messzeitpunkte:* Datenraten und Messzeitpunkte verschiedener Sensoren können sich jeweils unterscheiden. Mindestvoraussetzung für die gemeinsame Verarbeitung ist eine zeitliche Zuordnung, z. B. über Zeitstempel. Für eine Fusion auf unterster Ebene werden die Sensoren meist zeitlich synchronisiert. Bei einem Informationsaustausch zwischen Fahrzeugen ist dies nicht praktikabel.

3.4.2 Sensoren zur Umfelderfassung

Im Automobilbereich werden Kameras, Radarsensoren, Laserscanner und Ultraschallsensoren zur Umfelderfassung eingesetzt. Die folgenden Abschnitte geben eine kurze Einführung zu diesen Sensoren, ihren Messprinzipien und Charakteristiken.

3.4.2.1 Bildgebende Sensorik

Die Aufnahme von Bilddaten des Fahrzeugumfelds kommt der menschlichen visuellen Wahrnehmung am nächsten. Die digitale Kamera (CCD für *Charge-Coupled Device* oder CMOS für *Complementary Metal Oxide Semiconductor*) wirkt als passiver Sensor, der eine hohe Informationsdichte liefert und eine bildhafte Szeneninterpretation ermöglicht. Zu dieser kann aus Stereoaufnahmen außerdem eine Tiefeninformation gewonnen werden. Das Stereosehen erfordert allerdings eine kontinuierliche Selbstkalibrierung des Kamerasystems [Dan07, Dan09]. Bereits monoskopische Bilder können zur textur- oder merkmalsbasierten Detektion von

Objekten aller Art und ihrer Klassifikation genutzt werden. Dies beinhaltet auch die Straßeninfrastruktur, wie z. B. Fahrspurmarkierungen oder Verkehrszeichen. Aus der zeitlichen Verfolgung lässt sich die Relativbewegung von Objekten schätzen, in lateraler Richtung genauer als in longitudinaler. Mit den typischen Anordnungen und Auflösungen von Videokameras im Automobilbereich können Objekte in einer Entfernung bis zu 100 m detektiert werden. Die Genauigkeit nimmt dabei quadratisch mit der Entfernung ab. Der horizontale Öffnungswinkel beträgt typischerweise $25° - 90°$, in Sonderfällen kommen Objektive mit einem Öffnungswinkel bis ca. $190°$ zum Einsatz. Die Auflösung darf zugunsten einer Verarbeitung in Echtzeit nicht zu groß sein. In Fahrerassistenzsystemen werden Kameras bereits bei der Spurhaltekontrolle und zur Überwachung des toten Winkels oder des Rückfahrbereichs eingesetzt.

Als passiver Sensor ist die Kamera auf eine externe Beleuchtung angewiesen. Die menschliche Sicht beeinträchtigende Verhältnisse wirken sich ähnlich auf die Kamerawahrnehmung aus. Neben klassischen Kamerasystemen kommen daher auch passive Wärmebildkameras im langwelligen Infrarotbereich (LWIR, $8\,\mu$m $- 14\,\mu$m) zum Einsatz, die Objekte aufgrund des Temperaturunterschieds oder ihrer Hitzeabstrahlung detektieren. Personen oder Tiere lassen sich damit im Dunkeln deutlich früher erkennen. Aktive Systeme im nahen Infrarot (NIR) emittieren Strahlung im Spektralbereich von $0,78\,\mu$m bis $1\,\mu$m, um reflektierende Objekte sichtbar zu machen. [Ver03]

3.4.2.2 Radarsensor

Das Radar, Akronym für *Radio Detecting and Ranging*, wird zur Detektion von stationären und bewegten Objekten verwendet. Elektrisch leitendes Material reflektiert die aktiv ausgesendeten elektromagnetischen Wellen. Aus dem empfangenen Signalecho können der Abstand, die Relativgeschwindigkeit und Richtung des detektierten Objekts geschätzt werden [Göb01]. Aus der Laufzeit Δt des Signals mit Lichtgeschwindigkeit c folgt für den Abstand d des reflektierenden Objekts $d = \frac{1}{2} \cdot c \cdot \Delta t$. Die Relativgeschwindigkeit des Objekts zum Radarsensor wird über den Dopplereffekt gemessen. Mit dem gegenüber der Trägerfrequenz f um die Dopplerfrequenz f_D verschobenen Radarecho ergibt sich die Relativgeschwindigkeit $v_\mathrm{rel} = -\frac{c}{2f} \cdot f_\mathrm{D}$.

Beim Pulsradar erfolgt die Abstandsbestimmung über die Laufzeitmessung eines pulsmodulierten hochfrequenten Trägersignals. Mit Festzielunterdrückung oder Puls-Doppler-Radar wird die Relativgeschwindigkeit gemessen [Hud99].
Beim schmalbandigen Dauerstrichradar mit Frequenzmodulation, engl. *Frequency Modulated Continuous Wave* (FMCW), wie z. B. im Radarsensor ACC1 von

Bosch genutzt, ist die Trägerfrequenz dagegen moduliert [Rob02]. Bild 3.7 zeigt das Prinzip der Frequenzmodulation, exemplarisch rampenförmig mit konstanter Steigung m. Aus der Frequenzdifferenz zwischen Sende- und Empfangssignal ergibt sich für mit Relativgeschwindigkeit $v_{\text{rel}} = 0$ bewegte Objekte der Abstand zu $d = \frac{c}{2\,m} \cdot \Delta f$. Aufgrund der Dopplerverschiebung sind bei Relativgeschwindigkeit Abstand und Relativgeschwindigkeit nicht mehr eindeutig, können diese durch die Modulation mit unterschiedlichen Steigungen eindeutig bestimmt werden. Die Differenzfrequenzen ergeben sich in der ansteigenden und abfallenden Flanke zu $\Delta f(t_1, t_2) = \Delta f \mp f_{\text{D}}$. Für die Detektion mehrerer Objekte sind weitere Modulationen erforderlich.

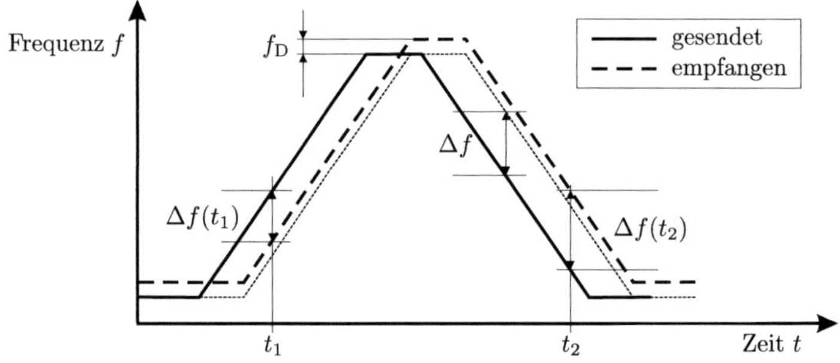

Bild 3.7: Frequenzmodulation des Radarsignals zur eindeutigen Messung von Abstand und Relativgeschwindigkeit.

Durch Raumwinkelabtastung der Umgebung mit dem Radar lässt sich die Richtung eines Objektes ermitteln. Im Fahrzeugbereich sind feststehende Radarsensoren verbreitet, die den horizontalen Winkel über mehrere gleichzeitig sendende Radarkeulen messen. Die Keulen mit verschiedenen winkelabhängigen Antennendiagrammen sind überlappend angeordnet und ergeben für unterschiedliche Einfallswinkel ein charakteristisches Signal [Rob02].

Im Fahrzeug kommen Nah- und Fernbereichsradar zum Einsatz. Das Nahbereichsradar, engl. *Short Range Radar* (SRR), arbeitet mit $24\,\text{GHz}$ und weist für eine Reichweite von $0,5\,\text{m}$ bis maximal $50\,\text{m}$ einen großen Azimut von etwa $120°$ auf. Dagegen sendet das Fernbereichsradar, engl. *Long Range Radar* (LRR) zwischen $76\,\text{GHz}$ und $77\,\text{GHz}$. Es deckt bei Reichweiten bis $200\,\text{m}$ nur einen schmalen horizontalen Winkelbereich bis $20°$ ab.

Der Radarsensor ermöglicht auch bei ungünstigen Sichtverhältnissen eine genaue Bestimmung des Abstands und der Relativgeschwindigkeit, insbesondere von gut reflektierenden, elektrisch leitenden Objekten. Mit einer geringeren Wahrscheinlichkeit werden über Reflexionen sogar optisch verdeckte Objekte detektiert, ebenso können aber auch sogenannte Phantomobjekte entstehen. Trägt man für das Radar die Detektionswahrscheinlichkeit in Abhängigkeit des Abstands zum Objekt auf, bleibt sie über die Reichweite größtenteils konstant und fällt dann abhängig vom Zielmodell nach Swerling stark ab [Lee02].

Es erfolgt keine direkte Messung von Querbewegungen. Die laterale Position kann durch mehrere horizontal überlappend angeordnete Radarkeulen bestimmt werden, wobei die Detektionswahrscheinlichkeit im Randbereich reduziert ist. Da keine Angaben zum Reflexionsprofil ausgegeben werden, lassen sich detektierte Objekte nicht direkt klassifizieren. Der ermittelte Reflexionschwerpunkt stimmt meist nicht mit dem Fahrzeugschwerpunkt überein und kann durch kleine Änderungen der Fahrzeugorientierung springen. Aufgrund einer geringen Trennfähigkeit bei eng benachbarten Objekten werden diese teilweise zu einem zentralen zusammengefasst oder auf das größere reduziert. [Tis04]

3.4.2.3 Weitere Umfeldsensortypen

Mit dem Radar verwandt ist der Laserscanner, auch Lidar genannt als Akronym für *Light Detecting and Ranging*. Zur Detektion und genauen Entfernungsmessung von Objekten im Fahrzeugumfeld wird die Laufzeit sehr kurzer, periodisch abgestrahlter Laserpulse erfasst. Durch Ablenkung des Laserpulses kann ein breiter Sichtbereich mit hoher Winkelauflösung abgetastet werden. Die Schätzung der Relativgeschwindigkeit erfolgt statt über eine Frequenzmodulation durch die zeitliche Verfolgung des Objekts.

Laserscanner bieten eine Reichweite von $1\,\mathrm{m}$ bis etwa $120\,\mathrm{m}$ abhängig von den Reflektionseigenschaften und decken dabei große Winkelbereiche bis zur Rundumsicht ab. Übliche Öffnungswinkel betragen je nach Einbauart $140° - 180°$ horizontal und bei mehreren Lagen bis zu $5°$ vertikal. Durch die hohe Winkelauflösung kann die räumliche Ausdehnung der Objekte erfasst werden. Im Gegensatz zum Radar arbeiten Laserscanner mit einer Wellenlänge im Bereich des Lichts und unterliegen damit den Einschränkungen schlechter Sichtverhältnisse, z. B. durch Nebel oder Gischt.

Ultraschallsensoren verwenden einen elektro-akustischen Wandler als Sender und Empfänger. Sie arbeiten mit einer Frequenz von $40\,\mathrm{kHz}$ bis $50\,\mathrm{kHz}$. Der Abstand eines Objekts wird wie beim Laserscanner über eine Laufzeitmessung bestimmt. Damit lässt sich der Nahbereich von $0,1\,\mathrm{m}$ bis $2\,\mathrm{m}$ erfassen. Um die Winkellage eines Objekts zu bestimmen, wird es über die Kreuzechomethode von mehreren, nebeneinander eingebauten Sensoren lokalisiert, die jeweils einen Winkelbereich von $100°$ horizontal und $60°$ vertikal abdecken. Ultraschallsensoren können auf-

grund der Geräusche des Fahrtwinds nur bei geringen Geschwindigkeiten eingesetzt werden, z. B. als Einparkhilfe.

3.4.2.4 Umfeldsensorik des Versuchsfahrzeugs

Das für diese Arbeit verwendete Versuchsfahrzeug am Institut für Mess- und Regelungstechnik (MRT) wurde mit zwei CCD-Kameras als mono- oder stereosko-
pisches System mit einer Auflösung von 658×494 Pixeln ausgestattet. Die Datenrate beträgt 25 Hz bis maximal 30 Hz. Am Versuchsfahrzeug wurde außerdem
ein Fernbereichsradar installiert, das serienmäßig für die adaptive Fahrgeschwindigkeitsregelung, engl. *Adaptive Cruise Control* (ACC), eingesetzt wird. [Böh02]

Bei dem ACC1 handelt es sich um ein monostatisches FMCW-Radar, das Objekte in einer Entfernung von 2 m bis 150 m mit einer Genauigkeit von $\pm 0,6$ m
bei $3,5$ m Trennfähigkeit detektieren kann. Relativgeschwindigkeiten zwischen
± 50 m/s werden mit einer Genauigkeit von $\pm 0,75$ m/s und $1,7$ m/s Trennfähigkeit erfasst. Aufgrund des Messprinzips kann die Genauigkeit als entfernungs-
unabhängig betrachtet werden. Der Öffnungswinkel des Sichtbereichs beträgt bei
drei Radarkeulen $8°$ mit $\pm 0,3°$ Genauigkeit und einer Abtastrate von 10 Hz. In
Bild 3.8 ist die Umfeldsensorik des Versuchsfahrzeugs schematisch mit ihren unterschiedlichen Sichtbereichen dargestellt.

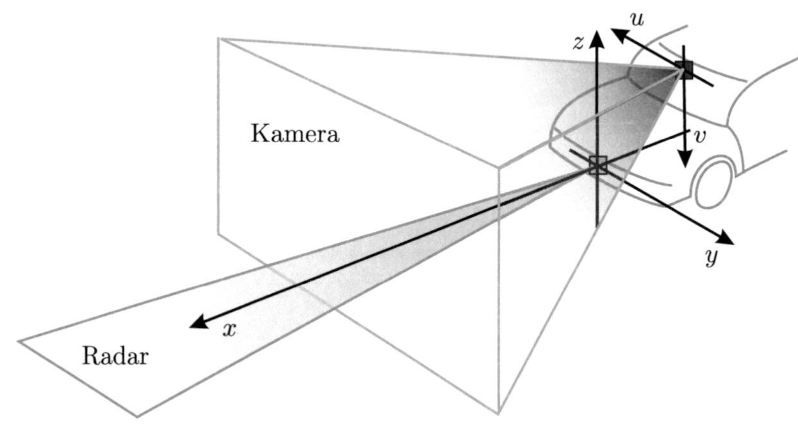

Bild 3.8: Skizze der installierten Umfeldsensorik im Versuchsfahrzeug.

In dieser Arbeit werden in erster Linie die Messdaten des Radarsensors verwendet. Die bildgebende Sensorik des Versuchsfahrzeugs wird ergänzend genutzt, um anhand des Bildmaterials Verkehrssituationen aus aufgezeichneten Messreihen nachträglich besser interpretieren und beurteilen zu können.

3.4.3 Verarbeitung und Fusion von Umfeldsensordaten

Der Zustand eines detektierten Objekts j wird mit seiner Position $(x, \ y)$, Orientierung ψ und Geschwindigkeit $(\dot{x}, \ \dot{y})$ beschrieben als $\mathbf{x}_j = (x \ y \ \psi \ \dot{x} \ \dot{y})^\mathrm{T}$. Unter der Annahme konstanter Geschwindigkeit bei Geradeausfahrt und der Beschleunigung bzw. Gierrate als Rauschen ergibt sich das lineare Systemmodell zu

$$\mathbf{x}_k = \begin{bmatrix} 1 & 0 & 0 & \Delta t & 0 \\ 0 & 1 & 0 & 0 & \Delta t \\ 0 & 0 & 1 & 0 & 0 \\ 0 & 0 & 0 & 1 & 0 \\ 0 & 0 & 0 & 0 & 1 \end{bmatrix} \begin{bmatrix} x_{k-1} \\ y_{k-1} \\ \psi_{k-1} \\ \dot{x}_{k-1} \\ \dot{y}_{k-1} \end{bmatrix} + \begin{bmatrix} 0 & \frac{1}{2}\Delta t^2 & 0 \\ 0 & 0 & \frac{1}{2}\Delta t^2 \\ 1 & 0 & 0 \\ 0 & \Delta t & 0 \\ 0 & 0 & \Delta t \end{bmatrix} \begin{bmatrix} c_{\psi,k-1} \\ c_{\dot{x},k-1} \\ c_{\dot{y},k-1} \end{bmatrix} . \qquad (3.23)$$

Durch die Umfeldsensorik wird das Objekt relativ zum Sensor erfasst und in Sensorkoordinaten beschrieben. Die Relativgeschwindigkeit zwischen Objekt i und Sensor s wird in globalen Koordinaten berechnet als

$$\mathbf{v}_{g,si} = \begin{bmatrix} \dot{x}_{g,si} \\ \dot{y}_{g,si} \end{bmatrix} = \begin{bmatrix} \dot{x}_{gi} - \dot{x}_{gs} \\ \dot{y}_{gi} - \dot{y}_{gs} \end{bmatrix} , \qquad (3.24)$$

wobei sich der Sensor mit der Fahrzeuggeschwindigkeit bewegt. Sei ψ_{ga} die Orientierung des Fahrzeugs und ψ_{as} die interne Ausrichtung des Sensors, so folgt die Relativgeschwindigkeit in Sensorkoordinaten

$$\begin{bmatrix} \dot{x}_{si} \\ \dot{y}_{si} \end{bmatrix} = \begin{bmatrix} \cos(\psi_{ga} + \psi_{as}) & -\sin(\psi_{ga} + \psi_{as}) \\ \sin(\psi_{ga} + \psi_{as}) & \cos(\psi_{ga} + \psi_{as}) \end{bmatrix} \cdot \begin{bmatrix} \dot{x}_{g,si} \\ \dot{y}_{g,si} \end{bmatrix} . \qquad (3.25)$$

Im Folgenden wird zur vereinfachten Darstellung die interne Ausrichtung des Sensors zu Null angenommen, so dass gilt $\psi_{gs} = \psi_{ga}$.

3.4.3.1 Beobachtungsmodell der Umfeldsensorik

Die allgemeine Modellierung eines Sensors erfolgt über seinen Sichtbereich, der aus Reichweite und Öffnungswinkel abgeleitet wird. Über dem Sichtbereich kann die Detektionswahrscheinlichkeit modelliert werden. Der Sichtbereich und die Detektionswahrscheinlichkeit werden allerdings auch durch das jeweilige Umfeld beeinflusst. Je nach Bebauung sind Bereiche ggf. nicht einzusehen, zusätzlich kann eine Verdeckung durch Objekte die Entdeckung dahinter befindlicher Objekte behindern.

Ein Radarsensor erfasst den Abstand d und die Winkelablage α zu einem Objekt i wie in Bild 3.9 dargestellt, woraus sich dessen Position in kartesischen Sensorkoordinaten berechnen lässt:

$$\begin{bmatrix} x_{si} \\ y_{si} \end{bmatrix} = d_{si} \cdot \begin{bmatrix} \cos \alpha_{si} \\ \sin \alpha_{si} \end{bmatrix} . \tag{3.26}$$

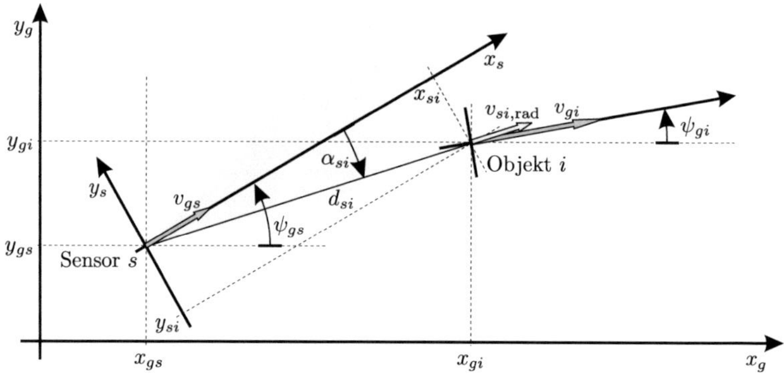

Bild 3.9: Parameter für das Beobachtungsmodell eines Radarsensors s zur Detektion eines Objekts i.

Die über den Dopplereffekt bestimmte Relativgeschwindigkeit zwischen Sensor und Objekt $v_{si,\mathrm{rad}}$ beschreibt die relative Bewegungskomponente in radialer Richtung. Falls die Winkelablage α klein ist bzw. das Radar nur einen kleinen Öffnungswinkel aufweist, entspricht die radiale Geschwindigkeit näherungsweise der Geschwindigkeit in longitudinaler Sensorrichtung x_s, so dass gilt

$$\dot{x}_{si} = v_{gi} \cos(\psi_{gi} - \psi_{gs}) - v_{gs} \approx v_{si,\mathrm{rad}} . \tag{3.27}$$

Damit kann das Beobachtungsmodell des Radarsensors in Sensorkoordinaten formuliert werden zu

$$\mathbf{z}_{si,k,\mathrm{radar}} = \begin{bmatrix} d_{si,k} \cdot \cos \alpha_{si,k} \\ d_{si,k} \cdot \sin \alpha_{si,k} \\ v_{si,\mathrm{rad},k} \end{bmatrix} = \begin{bmatrix} 1 & 0 & 0 & 0 & 0 \\ 0 & 1 & 0 & 0 & 0 \\ 0 & 0 & 0 & 1 & 0 \end{bmatrix} \mathbf{x}_k + e_{k,\mathrm{radar}} . \tag{3.28}$$

Aus einer Veränderung der Winkelablage ließe sich über der Zeit eine laterale Geschwindigkeit ableiten. Der vom Reflexionsmaximum abhängige Winkel kann jedoch bereits aufgrund geringer Orientierungsänderungen große Sprünge aufweisen. Die Bestimmung der lateralen Geschwindigkeit ist daraus nicht möglich. Die Orientierung kann ebenfalls nur über der Zeit geschätzt werden und wird für stationäre Objekte nicht beobachtbar.

Dem bildbasierten Beobachtungsvektor liegen zusätzlich Informationen über laterale Bewegungen zugrunde:

$$
\mathbf{z}_{si,j,\text{bild}} = \begin{bmatrix} x_{si,j} \\ y_{si,j} \\ \dot{x}_{si,j} \\ \dot{y}_{si,j} \end{bmatrix} = \begin{bmatrix} 1 & 0 & 0 & 0 & 0 \\ 0 & 1 & 0 & 0 & 0 \\ 0 & 0 & 0 & 1 & 0 \\ 0 & 0 & 0 & 0 & 1 \end{bmatrix} \mathbf{x}_j + e_{j,\text{bild}} \ . \tag{3.29}
$$

Während die laterale Position im Bild genau erfasst werden kann, ist die Bestimmung von longitudinaler Entfernung und Relativgeschwindigkeit mit einer größeren Unsicherheit behaftet. Die Entdeckungswahrscheinlichkeit sinkt mit zunehmendem Abstand und in Abhängigkeit von der Objektgröße.

3.4.3.2 Zeitliche Verfolgung von Umfeldobjekten

Bei der zeitlichen Verfolgung von Objekten müssen die neuen Messungen zu bestehenden Schätzungen assoziiert werden, aus denen eine neue Zustandsschätzung der detektierten Objekte erfolgt. Im Rahmen der zeitlichen Verfolgung (engl. *Tracking*) können einzelne fehlerhafte Messungen und Ausreißer eliminiert werden. Gleichzeitig sollen Objekte trotz einer fehlenden Detektion weiter verfolgt werden.

Bei dem im Fahrzeug eingebauten Kamerasystem und Radar handelt es sich um komplementäre Sensoren, deren Fusion zu einer umfassenderen Beschreibung des Umfelds führt. Für Objekte im überlappenden Sichtbereich ergänzen sich der vom Radar gemessene Abstand und die radiale Relativgeschwindigkeit mit der lateralen Position und Geschwindigkeit aus den Bilddaten. Die Detektionen des Radars können aber auch die Bildverarbeitung stützen oder zur Verifikation dienen.

Für die Verarbeitung auf höherer Ebene und den Datenaustausch zwischen Fahrzeugen werden alle Daten bezüglich des Fahrzeugkoordinatensystems angegeben. Die Transformation der unterschiedlichen Sensordaten in die gemeinsamen horizontierten Fahrzeugkoordinaten kann gemäß Gl. 3.5 erfolgen. Nach der Verarbeitung auf Sensordatenebene liegen die Informationen über das Fahrzeugumfeld als unsicherheitsbehaftete Schätzungen des Objektzustands vor. Diese können gemeinsam und unabhängig von dem ursprünglichen Sensor behandelt werden. Zur

Bewertung sind zusätzlich der durch die Sensorik erfasste Sichtbereich und weitere sensortypische Merkmale wie die Detektionswahrscheinlichkeit von Bedeutung.

Wesentliche Ergebnisse des Kapitels

Eine wichtige Basis der kooperativen Wahrnehmung bildet die Lokalisierung der Sensorfahrzeuge, wobei eine gemeinsame Nutzung der Umfeldsensorinformationen eine höhere Genauigkeit erfordert. Ein Ortungsmodul bestehend aus GPS und Koppelnavigationssensorik stellt eine praktikable und kostengünstige Lösung dar. Die absolute Position in globalen Koordinaten wird durch das GPS in guter Qualität geliefert. Ergänzt wird es durch Odometer und Gyroskop, die in hoher Taktrate die aktuelle Geschwindigkeit und Gierrate ausgeben. Die Zustandsschätzung wird über eine kaskadierende Filterung implementiert. Die Fehlergrößen der Gierrate und Geschwindigkeit werden zunächst mit indirekten Kalman-Filtern geschätzt und die totalen Größen korrigiert. Anschließend folgt als Hauptfilter ein erweitertes Kalman-Filter.

Die Erprobung des Verfahrens erfolgt anhand von Messdaten aus dem Versuchsfahrzeug des Instituts für Mess- und Regelungstechnik, das mit Umfeld- und Egosensorik ausgestattet ist und Messungen im allgemeinen Straßenverkehr aufnehmen kann. Das Ergebnis der kaskadierenden Fusion zeigt, dass aus den realen Messdaten die aktuelle Position sowie Geschwindigkeit und Orientierung eines Fahrzeugs genau und in hoher Taktung geschätzt werden. Schnelle Änderungen, vor allem Richtungswechsel des Fahrzeugs, lassen sich sicher verfolgen. Auch wenn das GPS mehrere Sekunden ausfällt, wie z. B. in einem Tunnel, gibt es nur geringe Abweichungen. Damit eignet sich das entwickelte Fusionsverfahren zur Lokalisierung und damit als Basis für die räumliche Registrierung der Egoinformationen und Umfeldsensordaten in ein gemeinsames Koordinatensystem.

4 Fusionskonzept für die kooperative Wahrnehmung

Durch Kooperation mit anderen Verkehrsteilnehmern lassen sich aus den kognitiven Fähigkeiten eines Fahrzeugs zusätzlicher Nutzen und neue Anwendungsmöglichkeiten ziehen. Um Informationen kooperativ verwerten zu können, müssen diese in einen gemeinsamen zeitlichen und räumlichen Rahmen eingeordnet werden.

Das Vorgehen zur Datenregistrierung wird im ersten Teil des Kapitels beschrieben. Dabei wird auch ein Konzept zur Propagation der Messunsicherheit vorgestellt. Voraussetzung für eine Kooperation mehrerer Partner ist zudem die Fahrzeug-Fahrzeug-Kommunikation, der Austausch von Informationen untereinander. Heutige Konzepte werden im zweiten Teil vorgestellt, wobei für die konzeptionellen Überlegungen dieser Arbeit die Kommunikation als ausreichend vorausgesetzt wird.

Der dritte Teil des Kapitels beschreibt das entwickelte Konzept für die kooperative Umfeldwahrnehmung mit mehreren vernetzten Fahrzeugen [Tis06a]. In diesem werden die verteilten Informationen assoziiert und dezentral zu einer gemeinsamen parameterbasierten Umfeldbeschreibung fusioniert.

Das Konzept wird durch eine Kombination aus zentralisiertem Tracking der detektierten Objekte und gitterbasierter Umfeldkarte erweitert. Mit einer Sichtbarkeitskarte werden Sensorcharakteristika erfasst, um auch negative Sensorevidenzen abbilden zu können. Inkonsistenzen werden durch eine Plausibilisierung erkannt, so dass schließlich eine konsistente Repräsentation des Umfelds als Basis für abgestimmte Entscheidungen und Handlungen entsteht.

4.1 Registrierung der Fahrzeuge

Ziel der Registrierung ist eine Abbildung der Informationen aller Agenten in ein gemeinsames zeitliches und örtliches System. Voraussetzung dazu sind die räumliche Kalibrierung der Sensoren sowie abgestimmte Zeitstempel für jede Beobachtung. Auf dieser Basis können die Daten aus den ursprünglichen Fahrzeugkoordinaten transformiert werden. Für viele Anwendungen bietet sich als gemeinsames Koordinatensystem ein weltfestes System an. Es ist aber auch denkbar, die Daten über globale Koordinaten in ein bestimmtes lokales Fahrzeugkoordinatensystem zu transformieren.

4.1.1 Zeitliche und räumliche Registrierung

Die zeitliche Synchronisation erfolgt gemäß der globalen Weltzeit über das GPS. Für die räumliche Registrierung aller Daten auf ein gemeinsames weltfestes Koordinatensystem werden globale kartesische Koordinaten gewählt. Die Zusammenhänge zwischen lokalen und globalen Koordinatensystemen sowie die gemessenen Parameter sind in Bild 4.1 dargestellt. Sensorfahrzeug i wird als Massenpunkt betrachtet und befindet sich im globalen, weltfesten Koordinatensystem an Position $_o\mathbf{x}_{oi}$, dem Ursprung seines lokalen Koordinatensystems, das gemäß seiner momentanen Orientierung und Bewegungsrichtung $_o\phi_{oi}$ ausgerichtet ist. In lokalen Koordinaten wird zusätzlich die Ausrichtung der Umfeldsensorik ψ angegeben. Die Messdaten eines beobachteten Objekts j liegen zunächst in lokalen Koordinaten vor. Für den Austausch zwischen Fahrzeugen und die gemeinsame Verarbeitung werden sie durch die Registrierung in das globale Koordinatensystem überführt.

Die in lokalen Sensorkoordinaten vorliegenden Objektdaten werden mit den globalen Sensorfahrzeugdaten durch die Operation $\oplus$ zum Zustandsvektor in globalen Koordinaten $_o\mathbf{x}_{oj}(t)$ verknüpft, wobei die Vorgehensweise auf [Smi90] beruht.

$$_o\mathbf{x}_{oj}(t) = {}_o\mathbf{x}_{oi}(t) \oplus {}_i\mathbf{x}_{ij}(t) \tag{4.1}$$

Bis auf die Sensorausrichtung ψ sind alle Variablen Funktionen der Zeit. Aus Gründen der besseren Lesbarkeit wird im Folgenden aber auf die zeitabhängige Darstellung verzichtet. Mit den durch die Ego- und Umfeldsensoren gemessenen Daten ergibt sich der Zustand des Objekts j in globalen Koordinaten zu

$$
\begin{bmatrix} _o x_{oj} \\ _o y_{oj} \\ _o \phi_{oj} \\ _o \dot{x}_{oj} \\ _o \dot{y}_{oj} \end{bmatrix} =
\begin{bmatrix}
_o x_{oi} + {}_i x_{ij} \cdot \cos(_o\phi_{oi}) - {}_i y_{ij} \cdot \sin(_o\phi_{oi}) \\
_o y_{oi} + {}_i x_{ij} \cdot \sin(_o\phi_{oi}) + {}_i y_{ij} \cdot \cos(_o\phi_{oi}) \\
_o \phi_{oi} + {}_i \phi_{ij} \\
_o \dot{x}_{oi} + {}_i \dot{x}_{ij} \cdot \cos(_o\phi_{oi} + \psi) - {}_i \dot{y}_{ij} \cdot \sin(_o\phi_{oi} + \psi) \\
_o \dot{y}_{oi} + {}_i \dot{x}_{ij} \cdot \sin(_o\phi_{oi} + \psi) + {}_i \dot{y}_{ij} \cdot \cos(_o\phi_{oi} + \psi)
\end{bmatrix}
$$

$$
= \begin{bmatrix}
_o x_{oi} + d \cdot \cos(\varrho + \varphi) \\
_o y_{oi} + d \cdot \sin(\varrho + \varphi) \\
\varrho + \mathrm{atan2}((v_{\mathrm{lat}} - v_i \cdot \sin\psi), (v_{\mathrm{long}} + v_i \cdot \cos\psi)) \\
v_i \cdot \cos(_o\phi_{oi}) + v_{\mathrm{long}} \cdot \cos\varrho - v_{\mathrm{lat}} \cdot \sin\varrho \\
v_i \cdot \cos(_o\phi_{oi}) + v_{\mathrm{long}} \cdot \sin\varrho + v_{\mathrm{lat}} \cdot \cos\varrho
\end{bmatrix}, \tag{4.2}
$$

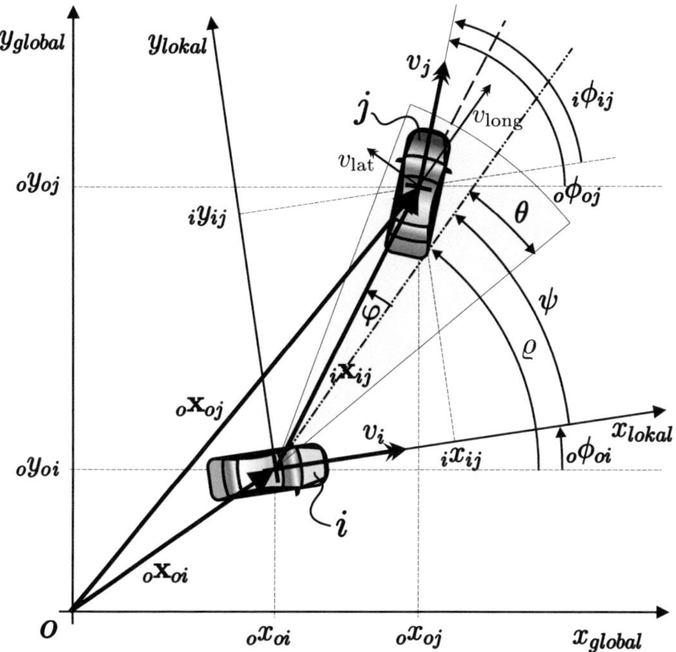

Bild 4.1: Koordinatenbezeichnungen für Daten der Egosensoren des Fahrzeugs i und seiner Umfeldsensorik, mit der Objekt j detektiert wird.

wodurch die Messdaten $\mathbf{s}_{ego} = [\,_o x_{oi} \quad _o y_{oi} \quad _o \phi_{oi} \quad v_i]^T$ des Sensorfahrzeugs i mit den Umfeldsensordaten $\mathbf{s}_{acc} = [d \quad \varphi \quad v_{long} \quad v_{lat}]^T$ des detektierten Objekts j verknüpft werden. Dabei gilt für den gemessenen Abstand $d = |\,_i\mathbf{x}_{ij}|$ und für die globale Sensororientierung $\varrho = \,_o\phi_{oi} + \psi$.

4.1.2 Propagation der Unsicherheiten

Bei der gemeinsamen räumlichen Registrierung werden Umfelddaten, die mit Unsicherheiten versehen sind, mit den ebenfalls fehlerbehafteten internen Fahrzeugdaten verknüpft. Die Informationen erhalten damit eine höhere Unsicherheit in den globalen Koordinaten. In der Registrierung der Information ist die Propagation der Messunsicherheiten ein entscheidender Schritt, um die Daten später gemäß ihrer Unsicherheit fusionieren zu können. Hierzu werden folgende Unsicherheiten der Messdatenerfassung betrachtet [Tis05b]:

- Messunsicherheit der Umfeldsensorik im jeweiligen Sensorfahrzeug,

- Messunsicherheit der Egosensorik, die auf Translation und Rotation bezüglich der globalen Koordinaten wirkt, sowie

- zeitliche Unsicherheiten im Rahmen der Datenfilterung.

Unterschiedliche Messzeitpunkte werden im Fusionskonzept berücksichtigt, indem alle Daten gemäß ihres Zeitstempels des Aufnahmezeitpunkts verarbeitet werden. Damit lassen sich unterschiedliche Messzeitpunkte und Übertragungszeiten bei der Filterung ausgleichen. Die zeitliche Synchronisation der Fahrzeuguhren ist über GPS ausreichend genau, um den Uhrenfehler zu vernachlässigen. Damit bleiben für die Betrachtung die Messunsicherheiten der Umfeldsensordaten und der Egodaten des Sensorfahrzeugs, die in den Kovarianzmatrizen $Q_{\mathbf{s}_{\mathrm{acc}}}$ und $Q_{\mathbf{s}_{\mathrm{ego}}}$ abgebildet werden.

Die Transformation des Objektzustands $_i\mathbf{x}_{ij}$ in globale Koordinaten zu $_o\mathbf{x}_{oj}$ nach Gleichung 4.2 ist nichtlinear. In erster Näherung kann die Kovarianz mit dem linearen Term der Taylorreihenentwicklung gebildet werden wie in [Tis06a] beschrieben. Mit der Jacobi-Matrix der Verknüpfung $\mathbf{J}_\oplus$ ergibt sich die Kovarianz zu

$$Q_{_o\mathbf{x}_{oj}} \approx \mathbf{J}_\oplus \begin{bmatrix} Q_{\mathbf{s}_{\mathrm{ego}}} & Q_{\mathbf{s}_{\mathrm{ego}},\mathbf{s}_{\mathrm{acc}}} \\ Q_{\mathbf{s}_{\mathrm{ego}},\mathbf{s}_{\mathrm{acc}}} & Q_{\mathbf{s}_{\mathrm{acc}}} \end{bmatrix} \mathbf{J}_\oplus^{\mathrm{T}} . \tag{4.3}$$

Die Jacobi-Matrix der Verknüpfung $\mathbf{J}_\oplus$ ist definiert als

$$\mathbf{J}_\oplus := \frac{\partial(_o\mathbf{x}_{oi} \oplus _i\mathbf{x}_{ij})}{\partial(\mathbf{s}_{\mathrm{ego}}, \mathbf{s}_{\mathrm{acc}})} = \frac{\partial_o\mathbf{x}_{oj}}{\partial(\mathbf{s}_{\mathrm{ego}}, \mathbf{s}_{\mathrm{acc}})} . \tag{4.4}$$

Mit den Ego-Messdaten des Sensorfahrzeugs $\mathbf{s}_{\mathrm{ego}} = [x \; y \; \phi \; v]^{\mathrm{T}}$ und den Umfeldsensordaten $\mathbf{s}_{\mathrm{acc}} = [d \; \varphi \; v_{\mathrm{long}} \; v_{\mathrm{lat}}]^{\mathrm{T}}$ des detektierten Objekts ergibt sich der linke Teil der Jacobi-Matrix zu

$$\mathbf{J}_{1\oplus} := \frac{\partial_o\mathbf{x}_{oj}}{\partial\mathbf{s}_{\mathrm{ego}}} = \begin{bmatrix} 1 & 0 & -d\sin(\phi+\varphi) & 0 \\ 0 & 1 & d\cos(\phi+\varphi) & 0 \\ 0 & 0 & 1 & a_1 \\ 0 & 0 & b_1 & \cos\phi \\ 0 & 0 & c_1 & \sin\phi \end{bmatrix} \tag{4.5}$$

mit den Variablen

$$a_1 = \frac{-(v_{\mathrm{long}} \cdot \sin\psi + v_{\mathrm{lat}} \cdot \cos\psi)}{(v_{\mathrm{long}} + v \cdot \cos\psi)^2 + (v_{\mathrm{lat}} - v \cdot \sin\psi)^2} ,$$

$$b_1 = -v\sin\phi - v_{\mathrm{long}}\sin(\phi+\psi) - v_{\mathrm{lat}}\cos(\phi+\psi) \text{ und}$$

$$c_1 = v\cos\phi + v_{\mathrm{long}}\cos(\phi+\psi) - v_{\mathrm{lat}}\sin(\phi+\psi) .$$

Der rechte Teil der Jacobi-Matrix lautet

$$\mathbf{J}_{2\oplus} := \frac{\partial_o \mathbf{x}_{oj}}{\partial \mathbf{s}_{\mathrm{acc}}} = \begin{bmatrix} \cos\alpha_2 & d\sin\alpha_2 & 0 & 0 \\ \sin\alpha_2 & d\cos\alpha_2 & 0 & 0 \\ 0 & 0 & a_2 & b_2 \\ 0 & 0 & \cos\beta_2 & -\sin\beta_2 \\ 0 & 0 & \sin\beta_2 & \cos\beta_2 \end{bmatrix} \tag{4.6}$$

mit den Variablen

$$\alpha_2 = \phi + \varphi, \quad \beta_2 = \phi + \psi,$$

$$a_2 = \frac{v_{\mathrm{lat}} - v \cdot \sin\psi}{(v_{\mathrm{long}} + v \cdot \cos\psi)^2 + (v_{\mathrm{lat}} - v \cdot \sin\psi)^2} \quad \text{und}$$

$$b_2 = \frac{v_{\mathrm{long}} + v \cdot \cos\psi}{(v_{\mathrm{long}} + v \cdot \cos\psi)^2 + (v_{\mathrm{lat}} - v \cdot \sin\psi)^2} .$$

Da die Ego- und Umfeldsensordaten statistisch unabhängig voneinander sind, werden die Kovarianzmatrizen $Q_{\mathbf{s}_{\mathrm{ego}},\mathbf{s}_{\mathrm{acc}}}$ und $Q_{\mathbf{s}_{\mathrm{acc}},\mathbf{s}_{\mathrm{ego}}}$ zu Null. Somit ergibt sich die erste Näherung der Kovarianzmatrix mit dem linken und rechten Teil der Jacobi-Matrix zu

$$Q_{o\mathbf{x}_{oj}} \approx \mathbf{J}_{1\oplus} Q_{\mathbf{s}_{\mathrm{ego}}} \mathbf{J}_{1\oplus}^{\mathrm{T}} + \mathbf{J}_{2\oplus} Q_{\mathbf{s}_{\mathrm{acc}}} \mathbf{J}_{2\oplus}^{\mathrm{T}} . \tag{4.7}$$

Die in globalen Koordinaten registrierten Daten $_o\mathbf{x}_{oj}(t)$ des detektierten Objekts j mit der zugehörigen Kovarianzmatrix $Q_{o\mathbf{x}_{oj}}$ können nun im gemeinsamen, globalen Koordinatensystem mit den Informationen anderer Sensorfahrzeuge fusioniert werden. Durch das gewählte Verfahren werden die Daten so kombiniert, dass die resultierende Kovarianz so gering wie möglich und damit die Aussagekraft der Informationen erhalten bleibt.

Wenn die weitere Verarbeitung nicht in globalen Koordinaten, sondern in den lokalen Koordinaten eines Fahrzeugs stattfinden soll, wird zusätzlich eine inverse Verknüpfung $\ominus$ benötigt. Diese wird beschrieben als

$$_i\mathbf{x}_{io} \approx \ominus\, _o\mathbf{x}_{oi}, \tag{4.8}$$

mit der Kovarianz in erster Näherung

$$Q_{i\mathbf{x}_{io}} \approx \mathbf{J}_{\ominus} Q_{o\mathbf{x}_{oi}} \mathbf{J}_{\ominus}^{\mathrm{T}} . \tag{4.9}$$

Entscheidend für die weitere Verwendung ist, dass die Kovarianz durch die inverse Verknüpfung nicht erhöht wird. Dadurch lassen sich über Kombinationen unterschiedliche Transformationen zwischen Fahrzeug- und Weltkoordinaten erreichen, ohne dass die Unsicherheit der Information weiter zunimmt.

Grundsätzlich kann eine Erhöhung der Unsicherheit auch durch die Einbeziehung lokaler, weltfester Referenzen ausgeglichen werden [Käm05]. Eine iterative Verbesserung der gemeinsamen Lokalisierung durch ortsfeste Umfeldinformationen erfordert neben einer möglichst eindeutig strukturierten Umgebung allerdings auch Zeit und ist daher für Fahrsituationen mit höheren Geschwindigkeiten nur begrenzt geeignet. Zudem wäre es aufwändig, dafür zusätzliche lokale Infrastruktur zu installieren.

4.2   Vernetzung durch Kommunikation

Die Kommunikation für Fahrzeuge findet Anwendungen in den Bereichen Sicherheit, Verkehrseffizienz, Information und Unterhaltung, woraus sich unterschiedliche Anforderungen an das Kommunikationssystem ergeben. Für Anwendungen wie in dieser Arbeit wird eine Fahrzeug-Fahrzeug-Kommunikation benötigt, die den schnellen Austausch größerer Datenmengen zwischen einzelnen kognitiven Fahrzeugen für sicherheitsrelevante Anwendungen ermöglicht. Typisch ist dafür eine hybride Netzarchitektur mit mobilen Knoten und wechselnder Vernetzung.

4.2.1   Modelle der Vernetzung

Für die Kommunikation von Fahrzeugen gibt es unterschiedliche Strategien. Während sich die Vernetzung innerhalb einer starren Infrastruktur exakt planen lässt, muss die Fahrzeugkommunikation in variablen Netzen arbeiten. In der zentralistischen Struktur wird ein übergeordneter *Master* eingesetzt, der von den einzelnen Agenten Informationen empfängt, verarbeitet und weiter verteilt. Bei dem Master kann es sich um ein Fahrzeug, aber auch eine Infrastruktureinrichtung handeln. Der Master verfügt über höherwertige Verarbeitungsmethoden und eignet sich daher zur Steuerung vieler Agenten mit geringer Intelligenz. In dezentralen Modellen sind dagegen alle Agenten gleichberechtigt, tauschen Informationen direkt untereinander aus und verarbeiten diese unabhängig von einander. Hybride Formen wären beispielsweise die dezentrale Verarbeitung mit einer zentralen Kommunikationseinheit oder die Fusion des zentralen Masterbildes mit den lokalen Informationen der jeweiligen Agenten.

Mit der zentralen Fusion aller Daten ist sichergestellt, dass die Wahrnehmungen der Agenten zu einer gemeinsamen globalen Umfeldbeschreibung führen. Nach einer Umrechnung in lokale Koordinaten des jeweiligen Agenten ist die Konsistenz bereits nicht mehr gewährleistet, sondern müsste je nach Anforderung erneut überprüft werden. Da es sich bei Fahrzeugen im Straßenverkehr um Agenten handelt, die sich unabhängig von einander in einer offenen Umgebung bewegen, bietet sich eine dezentrale Struktur an. Das variable Modell ermöglicht eine veränderliche Zahl der Kommunikationspartner, von denen jeder mit den notwendigen Algorithmen ausgestattet ist und selbständig agieren kann.

Im Straßenverkehr variieren Geschwindigkeiten und Fahrzeugdichte je nach Situation beträchtlich. Während auf Autobahnen bei Geschwindigkeiten bis zu 200 km/h ungefähr 10 Fahrzeuge auf 1 km Fahrspur kommen, werden im Stadtverkehr bis zu 40 Fahrzeuge unter 70 km/h angenommen. Entsprechend unterschiedlich sind die Möglichkeiten für Fahrerassistenzanwendungen und Anforderungen an die Kommunikation. Welche Agenten sich an dem Netz beteiligen, hängt auch von der Anwendung ab. Für eine übergeordnete Bewertung des Verkehrs und dessen Koordination werden von möglichst vielen Teilnehmern wenige Angaben zentral verarbeitet. Bei Sicherheitsanwendungen steht die zuverlässige und zeitnahe Datenübertragung zwischen wenigen, meist dezentral organisierten Teilnehmern im Vordergrund. Für eine kooperative Wahrnehmung oder koordiniertes Verhalten müssen deutlich mehr Informationen ausgetauscht werden. Dies ist nur für begrenzte Gruppengrößen möglich. Falls jeder mit jedem kommuniziert, übersteigt bei mehr Teilnehmern n die Zahl der Verbindungen $c = \sum_{j=1}^{n-1} j$ schnell die Möglichkeiten der Kommunikationsmittel, insbesondere in ad-hoc-Netzen. Die begrenzte Reichweite der Kommunikation schränkt ebenfalls die potentiellen Teilnehmer ein. Erste Voraussetzung einer kooperativen Gruppe ist eine stabile Kommunikation, abhängig von der räumlichen Nähe der kognitiven Fahrzeuge. Kriterien könnten zusätzlich je nach Zielsetzung die Fahrtrichtung, eine gemeinsame Fahrspur oder kreuzende Wege sein.

4.2.2 Übertragene Informationen

Die Agenten können untereinander Informationen austauschen, abhängig von der Fahrtrichtung auch für verschiedene Anwendungen [Tsu02]. Dabei handelt es sich um das Verhalten oder Intentionen von Teilnehmern, Verkehrs- oder Wetterbedingungen, Unfallmeldungen oder Gefahrenwarnungen. Die meisten Ansätze konzentrieren sich auf den Austausch von Angaben über den eigenen Fahrzeugzustand. Allerdings sind unvernetzte Verkehrsteilnehmer oder Objekte dadurch nicht zu erfassen. Werden zusätzlich Umfeldwahrnehmungen oder Detektionen ausgetauscht, entsteht eine erweiterte Umfeldbeschreibung [Tis05a]. Diese umfasst Bereiche, die mit der fahrzeuggebundenen Sensorik eines Agenten nicht zu erreichen sind. So ermöglicht die kooperative Wahrnehmung einen Blick um Kurven, in baulich verdeckte Einmündungen oder große Entfernung. Außerdem bildet eine konsolidierte gemeinsame Wahrnehmung die Voraussetzung für ein kooperatives Verhalten mehrerer Teilnehmer. Bei Überlappung der Messbereiche können redundante Informationen zur Verringerung der Unsicherheit oder bei kooperativer Anordnung zur Detaillierung genutzt werden. Für konkurrierende Aussagen ist vor der Fusion eine Plausibilitätsprüfung wichtig.

Neben ihren eigenen Beobachtungen können Agenten auch Informationen anderer Agenten versenden. Bei *Multi-Hop*-Verbindungen über mehrere Knoten wird ein Paket direkt weitergeleitet, bis es den gewünschten Adressaten erreicht hat oder über eine Zählvariable als veraltet gekennzeichnet ist. Dadurch lässt sich die Reichweite der Kommunikation insbesondere in dicht bebautem Gelände ausdehnen, allerdings wird das Netz stärker belastet und die Latenz erhöht. Um so wichtiger ist ein optimales *Routing*, mit dem der Weg einer Nachricht durch das Netz festgelegt wird.

Ohne Überblick der vorhandenen Verbindungen und (zentraler) Steuerung der Kommunikation beinhaltet die Weiterleitung das Risiko, dieselbe Information mehrfach zu erhalten. Dadurch kann es zu sogenannten Wahrnehmungsschleifen kommen, in denen dieselbe Information wiederholt auftaucht und bei ungenügender Kennzeichnung zusätzliches Gewicht erhält. Um dies bei der Fusion zu vermeiden, ist eine eindeutige Kennzeichnung zur Zuordnung der Information und der Ausschluss von Duplikaten notwendig.

Für diese Arbeit wird angenommen, dass nur eigene Beobachtungen an andere Teilnehmer in Kommunikationsreichweite gesendet werden.

4.2.3 Kommunikationsmittel

Die Güte eines Kommunikationsdiensts wird aus Anwendersicht durch die *Quality of Service* (QoS) oder Dienstgüte beschrieben. Der Verbindungsaufbau soll schnell, zuverlässig und stabil erfolgen. Als Parameter für die Qualität der bestehenden Verbindung gelten die Latenzzeit und ihre Abweichungen, Durchsatz und Verlustrate. Die Kommunikation im Fahrzeugbereich, engl. *Inter-Vehicle Communication*, muss für mobile Agenten in variablen Netzen geeignet sein und je nach Anwendung erhöhten Anforderungen an Latenzzeit und Sicherheit genügen.

Eine zentrale und organisierte Kommunikation ist typisch für das UMTS-Netz (*Universal Mobile Telecommunications System*), das einen für effiziente Verkehrsregelungen notwendigen großen Erfassungsbereich abdeckt. Die Kommunikation über eine Basisstation bewirkt bei bewegten Agenten allerdings Latenzen im Sekundenbereich und eignet sich damit nicht für zeitkritische Anwendungen [Wew07].

Für die sicherheitsrelevante Kommunikation zwischen Fahrzeugen werden überwiegend Fahrzeug-*ad-hoc*-Netze[1] betrachtet. Diese zeichnen sich aus durch eine schnell wechselnde Topologie der Vernetzung, geographischen Bezug der Knoten, die mit ausreichend Energie und Speicherplatz versehen sind, sowie unterschiedliche Einsatzszenarien mit engen Randbedingungen bezüglich der Verzögerung [Li07]. Als Basis für das drahtlose Netz dient WLAN (*Wireless Local Area Network*) im gängigen Standard IEEE 802.11b mit einer Datenrate bis zu 11 MBit/s bzw. IEEE 802.11g mit erweiterter physischer Schicht für 54 MBit/s. Speziell für die Fahrzeug-Kommunikation wurde der internationale Standard IEEE 802.11p entwickelt wie durch [Jia08] ausführlich dargestellt.

Der ad-hoc-Modus bezeichnet eine spontan zustande kommende Netztopologie ohne feste Infrastruktur, in der alle Knoten gleichwertig sind. Nachrichten können als Rundruf, engl. *Broadcast* an alle Teilnehmer in Reichweite verschickt werden. Damit lässt sich eine Verbindung aufbauen, sobald zwei Knoten in Kommunikationsreichweite kommen. Ohne zentrale Instanz ist allerdings nicht zu erkennen, ob andere Stationen in Reichweite sind, wer Teil des Netzes und wie die Verbindungsqualität ist. Dadurch kann es zum Problem des versteckten Senders, engl. *Hidden Station* kommen, bei dem zwei einander unbekannte Sender gleichzeitig Daten an denselben Empfänger schicken, die dann kollidieren. Der ad-hoc-Modus eignet sich nur für wenige Stationen in räumlicher Nähe zueinander.

Bis zu einer Entfernung von 600 m kann im Freien eine stabile WLAN-Verbindung mit hohem Durchsatz und geringer Latenz aufgebaut werden. Im Abstand zwischen 600 m und 1500 m wird die Verbindung instabil, mit geringen, schwankenden Durchsätzen. Ist die direkte Sichtlinie versperrt, nimmt die Reichweite deutlich ab. Besonders die Abschattung durch Gebäude schwächt über *Fading*-Effekte (Schwund) die WLAN-Verbindung, die nur noch 120 m bis 250 m bei geringerer Stabilität erreicht. Diesem Problem kann mit fest installierten Knoten begegnet werden [Chu05].

Durch die direkte Kommunikation liegt die Latenz von WLAN bei 2 ms mit Ausreißern in der Größenordnung von 10 ms. Sie ist geringer als die Taktzeit der Umfeldbeobachtungen und ermöglicht somit einen zeitnahen Austausch der Informationen. Der Durchsatz ist abhängig von den Datenpaketen. Bei einer optimalen Paketgröße von $1,4$ kB wird von IEEE 802.11b ein Durchsatz von maximal 6 MBit/s erreicht. Sowohl Latenz als auch Durchsatz können als unabhängig von der Geschwindigkeit der Teilnehmer angenommen werden. Bei hoher Relativgeschwindigkeit bleibt allerdings nur eine kurze Verbindungszeit zum Datenaustausch. Teilen sich mehrere Partner die Datenübertragungsrate zum Senden und Empfangen,

---

[1]lat. „für dieses", engl. *vehicular ad hoc networks*

verteilt sich der Durchsatz auf die bestehenden Verbindungen bei etwas erhöhter Latenz [Gün05].

Für die Kommunikation in einer Kolonne von bis zu 16 Fahrzeugen zeigt ein Broadcast mit begrenztem Multi-Hop eine Latenz über alle Teilnehmer von mehreren Sekunden [Kha05]. Mit dem Abstand zwischen den Fahrzeugen steigt aufgrund der Problematik versteckter Sender der Datenverlust, bei größerer Verzögerung zwischen den Paketen sinkt er dagegen.

4.2.4 Weiterentwicklungen der Kommunikation

Seit einigen Jahren beschäftigen sich weltweit Projektgruppen mit der Spezifikation und Standardisierung von Kommunikationssystemen für den Straßenverkehr (Car-2-X). Das *CAR2CAR Communication Consortium* wurde von der Automobilindustrie Europas gegründet, um einen offenen europäischen Industriestandard basierend auf WLAN zu entwickeln. In diesem Zusammenhang beschäftigt sich das Forschungsprojekt *NoW: Network on Wheels*, Nachfolger von *FleetNet*, mit der Entwicklung einer offenen Kommunikationsplattform als Basis für vielfältige Anwendungen in ad-hoc-Netzen [Fes08].

Im Vordergrund stehen Kommunikationsprotokolle für Anwendungen der Fahrzeugsicherheit und Unterhaltung. Neben der Multi-Hop-Übertragung von Fahrzeugdaten sollen Internetanwendungen die Marktattraktivität erhöhen. Für spärlich vernetzte Regionen werden intelligente Algorithmen zur Speicherung und Weiterleitung von Informationen entwickelt.

Bei überlasteten Netzen kann die Funktionsfähigkeit der Kommunikation für Sicherheitsanwendungen nicht gewährleistet werden. [Kos06] zeigt Verbesserungen der Skalierbarkeit auf, die das Hinzufügen neuer Knoten ermöglicht ohne große Veränderungen der Leistung oder Komplexität. Bei Kapazitätsproblemen ist eine Verwaltung der zu übertragenden Informationen unter Berücksichtigung ihrer Relevanz sinnvoll.

Für die kooperative Wahrnehmung ist ein wohl durchdachtes Kommunikationskonzept erforderlich, das größere Datenmengen zuverlässig mit geringer Latenz übertragen kann. Nagel et al. [Nag07] entwickelten hierzu einen Ansatz, der für jeden Teilnehmer Kenntnisse der lokalen Netztopologie beinhaltet. Dazu wird in mehreren Schritten ein gerichteter Graph mit den Kommunikationswegen sowie den Positionen und Bewegungen der Teilnehmer erstellt. Auf dieser Basis kann die Kommunikation zielgerichtet und bei Multi-Hop-Verbindungen auf kürzestem Weg stattfinden, so dass die Netzkapazität nicht übermäßig mit Broadcasts belastet wird. Ein weiterer Aspekt ist die Datensicherheit und Vertrauenswürdigkeit, wobei das System auch gegen die Täuschung von Sensoren oder die bewusste Sendung falscher Informationen gesichert werden muss, da Entscheidungen sicherheitsrelevanter Anwendungen beeinflusst werden und Sabotage schwerwiegende Folgen haben könnte. Neben den allgemeinen Verfahren zur Authentifikation und Zulassung ist in diesem Zusammenhang die Plausibilisierung von Information wichtig.

Die Forschung auf dem Gebiet der Fahrzeugkommunikation hat in den letzten Jahren stark zugenommen und zur Erarbeitung des internationalen Standards IEEE 802.11p geführt. Die angestrebte Kommunikation für kooperative Gruppen erfordert die weitere Entwicklung neuer Konzepte. Bei den Fusionsansätzen dieser Arbeit wird die Kommunikation zwischen den Fahrzeugen vereinfachend als verlustfrei und mit vernachlässigbarer Latenz angenommen.

4.3 Assoziation, Tracking und Fusion der Informationen

Da sich die kognitiven Fahrzeuge unabhängig von einander in einem gemeinsamen Umfeld bewegen und jedes eigene Ziele verfolgt, verändern sich sowohl die Zusammensetzung der kommunizierenden Fahrzeuge als auch ihre räumlichen Positionen zueinander. Um die Selbstständigkeit der Fahrzeuge zu erhalten, wird in dieser Arbeit das Fusions- und Trackingkonzept auf oberster Ebene dezentral angelegt. Es wird nicht, wie in der Robotik verbreitet, eine zentrale Einheit (*Master*) angestrebt, die übergeordnet Daten aufbereitet. Stattdessen verarbeitet jedes Fahrzeug weiterhin seine gesamten Informationen lokal und bleibt damit unabhängig. Häufig erfolgt die lokale Verarbeitung in lokalen Fahrzeugkoordinaten. Dadurch wird die Unsicherheit der von anderen Fahrzeugen erhaltenen Daten aber weiter erhöht gegenüber der eigenen Sensorik. In dieser Arbeit erfolgt die Fusion in den Fahrzeugen in einem globalen kartesischen Koordinatensystem, das auch die erdfeste Basis für den Austausch bildet. Hierzu werden die Daten von allen Fahrzeugen wie in Abschnitt 4.1 beschrieben registriert und gemäß ihres Zeitstempels im lokal ausgeführten, zentralisierten Tracking verarbeitet. Auf diese Weise ergeben sich unmittelbar fusionierte gemeinsame Umfeldbeschreibungen.

Eine hohe Informationsgüte haben die Eigeninformationen der kognitiven Fahrzeuge selbst. Die Initialisierung ihrer Spuren erfolgt mit der ersten Messung des eigenen Zustands. Damit wird das Grundgerüst zur Wahrnehmung des gesamten Umfelds gebildet. Abhängig von der Verbreitung des Systems entsteht eine erste, unvollständige Umfeldbeschreibung. Diese wird über die Verfolgung der Objektdetektionen aller kognitiven Fahrzeuge ergänzt.

Das Multi-Objekt-Tracking erfolgt wie in vielen Arbeiten durch mehrere Kalman-Filter mit der Zustandsgleichung

$$\mathbf{x}(t_k) = \mathbf{A}\mathbf{x}(t_{k-1}) + \mathbf{G}\nu(t_{k-1})\,. \tag{4.10}$$

Ein Objekttrack beinhaltet die Objektposition in globalen Koordinaten x, y, seine Orientierung ϕ and Geschwindigkeit $\dot{x}, \dot{y}$ sowie die Existenzwahrscheinlichkeit P_{exist} des Objekts. Unter Annahme konstanter Geschwindigkeit werden der Zustandsvektor $\mathbf{x}$ und die Systemmatrix $\mathbf{A}$ formuliert als

$$\mathbf{x} = \begin{bmatrix} x \\ y \\ \phi \\ \dot{x} \\ \dot{y} \\ P_{\text{exist}} \end{bmatrix}, \quad \mathbf{A} = \begin{bmatrix} 1 & 0 & 0 & \Delta t & 0 & 0 \\ 0 & 1 & 0 & 0 & \Delta t & 0 \\ 0 & 0 & 1 & 0 & 0 & 0 \\ 0 & 0 & 0 & 1 & 0 & 0 \\ 0 & 0 & 0 & 0 & 1 & 0 \\ 0 & 0 & 0 & 0 & 0 & 1 \end{bmatrix} \tag{4.11}$$

sowie die Rauschmatrix $\mathbf{G}$ und das Systemrauschen ν als

$$\mathbf{G} = \begin{bmatrix} \frac{1}{2}\Delta t & 0 & 0 \\ 0 & \frac{1}{2}\Delta t & 0 \\ 0 & 0 & 1 \\ \Delta t & 0 & 0 \\ 0 & \Delta t & 0 \\ 0 & 0 & 0 \end{bmatrix}, \quad \nu = \begin{bmatrix} \nu_{\ddot{x}} \\ \nu_{\ddot{y}} \\ \nu_{\psi} \end{bmatrix}\,. \tag{4.12}$$

Übliche Verkehrssituationen mit kontinuierlicher Fahrt werden durch dieses Modell niedriger Ordnung hinreichend gut beschrieben. Geringe Beschleunigungen lassen sich über das Systemrauschen erfassen. Für komplexere Manöver mit hohen Beschleunigungen oder z. B. Spurwechseln würde sich ein adaptives Filter wie das in Abschnitt 2.2.3 beschriebene IMM-Filter anbieten.

Für den Innovationsschritt im Kalman-Filter werden neue Messungen den bestehenden Objekttracks zugeordnet. Basis für ein robustes Tracking sind dabei korrekte Zuordnungen, welche sich bei mehreren Objekten und Messungen oft schwierig gestalten. Fehlerhafte Zuordnungen können allerdings zu abweichenden Prädiktionen führen, so dass die weitere Verfolgung eines Objekts kaum mehr möglich ist. Mit dem in Abschnitt 2.3.2 beschriebenen Joint-Probabilistic-Data-Association-Filter (JPDA) werden mehrdeutige Messungen zunächst mehreren potentiellen Tracks zugeordnet. Über der Zeit nähert sich der Algorithmus der richtigen Zuordnung und vermeidet dadurch voreilige, möglicherweise falsche Entscheidungen. Voraussetzung für JPDA-Algorithmen ist allerdings, dass von jedem Objekt in Wahrheit nur eine Messung stammt. Die Messungen verschiedener

Sensorfahrzeuge erfolgen unabhängig voneinander, so dass jeweils unterschiedliche Messzeitpunkte angenommen werden können. Da also auch nach dem Datenaustausch keine zeitgleichen Messungen zu einem Objekt vorliegen, kann für die Assoziation von Messungen zu Tracks ein JPDA-Algorithmus verwendet werden. Um die Rechenzeit zu reduzieren, wird das cheap-Joint-Probabilistic-Data-Association-Filter (cJPDA) gewählt.

Lässt sich eine Messung keinem bestehenden Track zuordnen, kann es sich entweder um eine einzelne Fehlmessung oder um ein neues Objekt handeln. Die vollständige Initialisierung eines neuen Tracks erfolgt daher erst, wenn dieser in den nachfolgenden Zeitschritten durch weitere Messungen bestätigt wurde. Vorher erfolgen die Assoziationen in einem Zwischenspeicher über Berechnung der Mahalanobis-Distanz der Objektpositionen gemäß [Tis05b].

Um den Rechenbedarf zu reduzieren, ist eine Terminierung von veralteten Tracks notwendig, ohne dadurch zu früh Objekte aus der Verfolgung zu verlieren. Als Kriterium bietet sich die Kovarianz des jeweiligen Zustandsvektors $\mathbf{x}$ an. Diese steigt, wenn einem Track über längere Zeit keine neuen Messungen zugeordnet werden können. Der Track wird beendet, sobald die Kovarianz eine festgesetzte Grenze überschritten hat.

4.4 Konzept unter Einbeziehung negativer Sensorevidenz

Im klassischen Tracking werden ausschließlich positive Detektionen berücksichtigt. Kommen keine neuen Messungen hinzu, steigt mit jeder Prädiktion die Unsicherheit des Tracks, bis dieser aufgrund zu geringer Aussagekraft terminiert wird und das Objekt als nicht mehr existent gilt. Das Ausbleiben einer Detektion wird nicht beschrieben und verarbeitet, obwohl dies ebenfalls eine – wenn auch mehrdeutige – Information darstellt. Die im Verkehr wichtige Information, dass in einem Bereich kein Objekt gemessen wurde, wird nicht explizit formuliert. Auch Sensorausfälle oder andere Inkonsistenzen lassen sich kaum feststellen.

Mit der Fusion von Umfelddaten aus mehreren Fahrzeugen wird der Beobachtungsbereich deutlich erweitert, allerdings auch komplexer durch Überlagerungen und Verdeckungen. Es kann vermehrt zu Inkonsistenzen kommen, die erkannt und nach Möglichkeit aufgelöst werden müssen. Für diese Problemstellung wird in dieser Arbeit die Einbeziehung negativer Sensorevidenz gemäß Kapitel 2.5 vorgeschlagen. Hierfür wird ein erweitertes Fusionskonzept entwickelt, das die Integration negativer Sensorevidenz erlaubt. Basis dafür ist eine detaillierte Modellierung der Messvorgänge sowie der erfassten Beobachtungsräume, so dass sich unbeobachtete Regionen unterscheiden lassen von als frei detektierten Bereichen. Je nach Messprinzip wird der sichtbare Bereich zusätzlich durch Verdeckungen eingeschränkt, hervorgerufen durch dynamische oder statische Objekte.

Bild 4.2 zeigt beispielhaft die positiven Informationen, d. h. Beobachtungen mehrerer Sensorfahrzeuge. Während S_2 aufgrund der Verdeckung nur Objekt O_1 detektieren kann, nimmt S_4 zwei Objekte wahr. Bei der Fusion dieser Wahrnehmungen kann in den überlappenden Beobachtungsbereichen unter Einbeziehung der negativen Evidenz ein Widerspruch erkannt werden, der sich durch eine genauere Betrachtung der Sichtbereiche inklusive Verdeckung auflösen lässt. Andernfalls müsste ein Fehler im Messvorgang von S_2 oder S_4 in Betracht gezogen werden. In die konsistente Beschreibung lassen sich auch die Informationen von S_3 integrieren. Daneben entsteht eine Aussage, mit welcher Sicherheit der Beobachtungsbereich von S_1 keine Objekte enthält. Außerhalb der dargestellten Beobachtungsbereiche liegt den Sensorfahrzeugen explizit keine Information vor. Diese Erkenntnisse sind besonders für die Bahnplanung und das Ableiten von Handlungen wichtig.

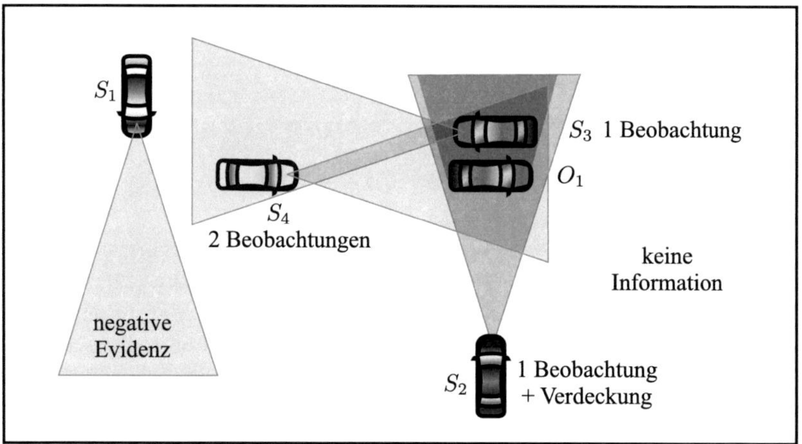

Bild 4.2: Darstellung von positiver und negativer Sensorevidenz am Beispiel eines Verkehrsszenarios.

Der Ansatz zur Integration negativer Sensorevidenz in das Fusionskonzept wurde für die kooperative Wahrnehmung mehrerer bewegter Fahrzeuge entwickelt. Der Ablauf ist in Bild 4.3 dargestellt und erstmals in [Tis07] veröffentlicht worden. Mit der Umfeldkarte wird der gesamte interessierende Bereich in Gitterzellen eingeteilt, auf welche Vorwissen sowie positive und negative Sensorevidenzen abgebildet werden können. Die Fahrzeugeigeninformationen enthalten eine Sensorpositionsschätzung, die anhand der Sensorcharakteristik die Erstellung einer sogenannten Sichtbarkeitskarte erlaubt. In der Sichtbarkeitskarte sind die Detektionswahrscheinlichkeiten durch die jeweiligen Sensoren S_1 bis S_n für getrackte Objekte den einzelnen Feldern zugeordnet. Mit dieser *a priori*-Information kann die Assoziation neuer Messungen verbessert werden. Aus der Position eines Objekts lässt sich dessen Detektionswahrscheinlichkeit durch einen Sensor von der zugehörigen Zelle ableiten. Mit der Sichtbarkeitskarte werden auch als frei beobachtete Bereiche beschrieben, zudem lassen sich Verdeckungen abbilden. Bei Überlappung von Beobachtungsbereichen können durch eine Plausibilisierung unter Nutzung negativer Sensorevidenz Inkonsistenzen und damit z. B. Sensorausfälle festgestellt werden.

Wie in Kapitel 2.4 beschrieben eignet sich die gitterbasierte Sichtbarkeitskarte nicht zu Assoziation und Verfolgung dynamisch bewegter Objekte. In diesem Konzept wird die gitterbasierte Beschreibung des Umfelds daher mit einem zentralisierten Trackingalgorithmus kombiniert. Die Assoziation von Messungen mehrerer Sensoren S_i zu Tracks T_j wird verbessert durch die Erwartung von Sensordetektionen gemäß der Sichtbarkeitskarte. Das Mehrfach-Objekt-Tracking basierend auf dem Kalman-Filter führt direkt zu fusionierten Tracks. Nach der Fusion werden die Objektspuren mit den in der Sichtbarkeitskarte hinterlegten Detektionswahrscheinlichkeiten plausibilisiert. Der innovierte Objektzustand mit seiner Kovarianz wird ergänzt um die Angabe der Existenzwahrscheinlichkeit des Objekts, die bei erfolgreicher Detektion steigt. Mit diesen Informationen sowie den sensorspezifischen Detektionswahrscheinlichkeiten wird das Umfeldmodell erstellt und über die Umfeldkarte die Sichtbarkeitskarte aktualisiert.

Zur Plausibilisierung dient eine Prüfmatrix für jede mögliche Sensor-Objekt-Kombination $\mathbf{PM}_{ij}$. Über diese Matrix wird zu jedem Intervallende die Detektionswahrscheinlichkeit P_D des Objekts j durch den Sensor i mit den tatsächlich vorliegenden Messungen verglichen. Hierzu werden zwei Hilfsvariablen eingeführt: Der Updatemarker UM gibt an, ob im letzten Intervall mindestens eine neue Messung dem Track zugeordnet wurde. Wenn dies entgegen der Erwartung nicht der Fall war, wird es durch eine Erhöhung des Fehlermarkers FM vermerkt.

Sollten sich Inkonsistenzen in den Beobachtungen nicht z. B. über eine Verdeckung erklären lassen, werden diese über eine Erhöhung der Unsicherheit abgebildet. Je höher das Vertrauen in einen Sensor ist, desto eher wird bei fehlenden Detektionen an der Objektexistenz gezweifelt. Dabei ist neben der Sensorcharakteristik auch der aktuelle Stand aller Fehlermarker eines Sensors wichtig. Sind für einen Sensor i mehrere Fehlermarker $FM_{ij}(t_k) > 0$, wird die generelle Detektionswahrscheinlichkeit des Sensors gesenkt. Wenn ein Objekt unabhängig von anderen wiederholt nicht detektiert wurde, wird seine Existenzwahrscheinlichkeit

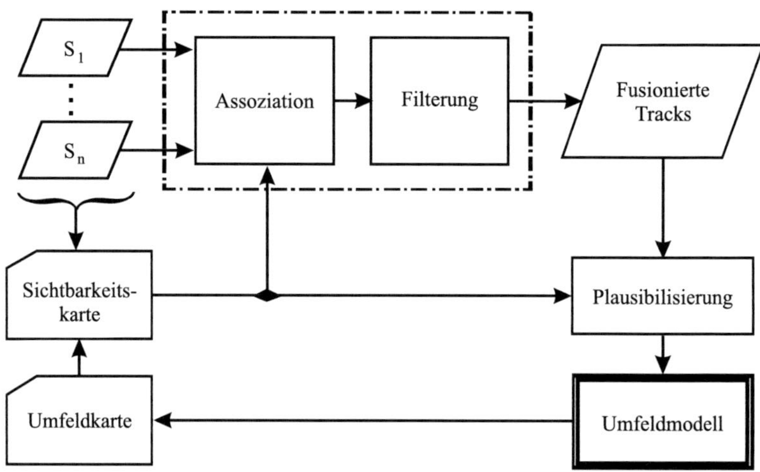

Bild 4.3: Fusionskonzept zur Integration negativer Sensorevidenz.

reduziert. Nach der Plausibilisierung erfolgt eine Aktualisierung der Sichtbarkeitskarte mit den Sensorfahrzeug- und Objektzuständen sowie den berechneten Wahrscheinlichkeiten.

Wesentliche Ergebnisse des Kapitels

In diesem Kapitel wurde ein Konzept zur kooperativen Umfeldwahrnehmung
durch mehrere kognitive Fahrzeuge vorgestellt. Im ersten Schritt müssen dazu alle
Informationen in einem gemeinsamen zeitlichen und räumlichen Rahmen registriert werden. Die Transformation in globale Koordinaten erfolgt über einen Verknüpfungsoperator. Bei der Propagation der Messunsicherheit kann die Kovarianz
durch eine Näherungslösung möglichst gering gehalten werden. Die Fahrzeug-
Fahrzeug-Kommunikation wird als ein funktionierendes Element in der kooperativen Wahrnehmung angenommen. Um die Datenmenge in Grenzen zu halten,
werden einige Regeln hinsichtlich des Austausches aufgestellt.

Das Fusions- und Trackingkonzept ist auf oberster Ebene dezentral angelegt. Jedes Fahrzeug verarbeitet die verfügbaren Informationen zwar in globalen Koordinaten, jedoch selbst und bleibt damit unabhängig von seinem Umfeld. Das Multi-
Objekt-Tracking erfolgt durch mehrere Kalman-Filter nach Datenassoziation mit
dem cJPDA. Eine besondere Rolle spielt die Einbeziehung negativer Sensorevi-

denz in einer Kombination aus zentralisierter Verfolgung der detektierten Objekte und gitterbasierter Umfeldkarte. Aus der Umfeldkarte wird über die Charakterisierung der Sensoren eine Sichtbarkeitskarte abgeleitet. Darüber ermöglicht das Konzept die Erfassung und Plausibilisierung aller positiven wie negativen Sensorevidenzen der vernetzten Sensorfahrzeuge.

Im Rahmen der Plausibilisierung werden Inkonsistenzen erkannt, aus denen die aktuellen Detektionswahrscheinlichkeiten eines Sensors bzw. die Existenzwahrscheinlichkeit eines detektierten Objekts abgeleitet werden. Mit den gesamten Informationen entsteht in jedem Fahrzeug ein umfassendes und in sich konsistentes Umfeldbild, mit dem wiederum die Sichtbarkeitskarte aktualisiert wird. Dieses kann in verschiedenen Anwendungen für Fahrerassistenzfunktionen oder kooperatives Fahren verwendet werden.

5 Implementierung und Bewertung

In diesem Kapitel wird die Implementierung des entwickelten Fusionskonzepts zur kooperativen Wahrnehmung erläutert. Für die Erprobung wird eine Simulationsumgebung vorgestellt, mit der Verkehrszenarien abgebildet und daraus Daten generiert werden können. Abschließend wird der Fusionsprozess anhand ausgewählter Szenarien getestet und bewertet.

5.1 Implementierung

Im Folgenden wird die Implementierung des Fusionskonzepts detailliert dargestellt. Sie orientiert sich an der in [Tis07] veröffentlichten Beschreibung.

5.1.1 Umfeld- und Sichtbarkeitskarte

Das für die Untersuchung relevante Gebiet besteht aus den befahrenen Straßen sowie ihrer unmittelbaren Umgebung. Mit der Umfeldkarte in globalen kartesischen Koordinaten wird das interessierende Gebiet beschrieben als Bereich von $x_{\min}$ bis $x_{\max}$ und $y_{\min}$ bis $y_{\max}$. Es wird mit einem Gitter aus rechteckigen Zellen (m, n) konstanter Größe Δx und Δy überzogen. Einer Zelle (m, n) werden alle Positionen (x, y) zugeordnet, für die gilt

$$x_{\min} + (m - 1) \cdot \Delta x < x \leq x_{\min} + m \cdot \Delta x; \quad m = 1, \ldots, N_x \,, \tag{5.1}$$

$$y_{\min} + (n - 1) \cdot \Delta y < y \leq y_{\min} + n \cdot \Delta y; \quad n = 1, \ldots, N_y \,. \tag{5.2}$$

Für die Sichtbarkeitskarte werden in die Umfeldkarte die Sichtbereiche der einzelnen Sensorfahrzeuge eingetragen. Ein Sichtbereich wird definiert durch den sensorspezifischen Detektionsbereich mit maximaler Detektionsentfernung R und Öffnungswinkel $\pm\theta$, ausgehend von der aktuellen Sensorposition $(x_{\mathrm{s}}, y_{\mathrm{s}})$ und Sensororientierung Φ_{s}. Diese Orientierung ergibt sich aus Fahrzeugorientierung Φ_{v} und Sensorausrichtung ψ_{s} zu $\Phi_{\mathrm{s}} = \Phi_{\mathrm{v}} + \psi_{\mathrm{s}}$. In Bild 5.1 weist die Sensororientierung zur besseren Übersichtlichkeit in die globale x-Richtung. Abhängig von der

Sensorcharakteristik werden den Zellen des Sichtbereichs Detektionswahrscheinlichkeiten für Objekte zugeordnet. In diesem Fall wird die Detektionswahrscheinlichkeit über den Sichtbereich als konstant angenommen. Je nach Messprinzip könnte sie beispielsweise auch entfernungsabhängig dargestellt sein. Zusätzlich wird ein Randbereich mit reduzierter Detektionswahrscheinlichkeit geometrisch beschrieben als

$$R_{\mathrm{in}} = R - a \cdot R < \ d \ \leq R_{\mathrm{out}} = R + 2a \cdot R \,, \tag{5.3}$$

$$\theta_{\mathrm{in}} = \theta - b \cdot \theta < |\gamma| \leq \theta_{\mathrm{out}} = \theta + 2b \cdot \theta \,, \tag{5.4}$$

wobei die Größe des Randbereichs mit den sensorspezifischen Variablen a und b festgelegt wird. Die Detektionswahrscheinlichkeit eines Objekts durch den Sensor wird für die einzelnen Bereiche angegeben als

$$P_{\mathrm{D}} = \begin{cases} P_{\mathrm{D,in}} \,, & \text{wenn } d \leq R_{\mathrm{in}} \,\wedge\, |\gamma| \leq \theta_{\mathrm{in}} \\ P_{\mathrm{D,out}} \,, & \text{wenn } (R_{\mathrm{in}} < d \leq R_{\mathrm{out}} \,\wedge\, |\gamma| \leq \theta_{\mathrm{out}}) \\ & \qquad \vee\, (d \leq R_{\mathrm{in}} \,\wedge\, \theta_{\mathrm{in}} < |\gamma| \leq \theta_{\mathrm{out}}) \\ 0 \,, & \text{wenn } d > R_{\mathrm{out}} \,\vee\, |\gamma| > \theta_{\mathrm{out}} \end{cases} \tag{5.5}$$

mit $P_{\mathrm{D,out}} < P_{\mathrm{D,in}}$.

Bild 5.1 zeigt eine gitterbasierte Sichtbarkeitskarte, bei der sich die Detektionswahrscheinlichkeit für Objekte in den Zellen gemäß des eingetragenen Sensordetektionsbereichs ergeben.

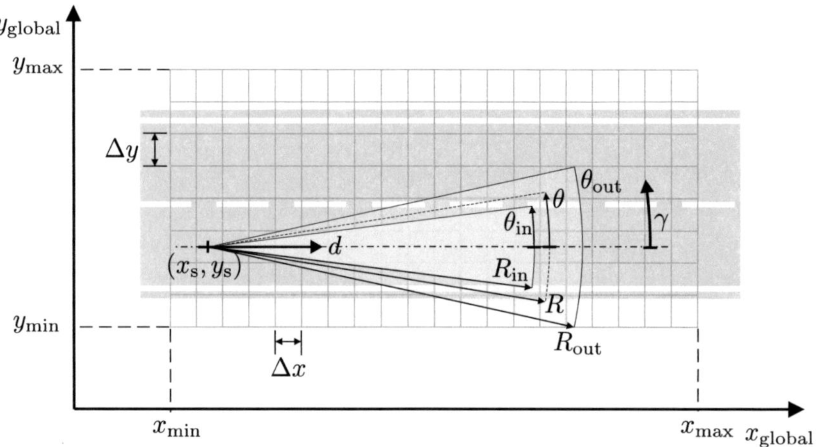

Bild 5.1: Gitterbasierte Sichtbarkeitskarte mit Detektionsbereich eines Sensors.

Befindet sich ein Objekt in einer Zelle (m, n) der Sichtbarkeitskarte, wird eine Wahrnehmung durch den Sensor mit der zugehörigen Detektionswahrscheinlichkeit angenommen. Hierfür wird die Zelle charakterisiert durch den Abstand $d_M(m, n)$ ihres Mittelpunkts $M(m, n)$ zur Sensorposition $(x_{\mathrm{s}}, y_{\mathrm{s}})$ mit

$$d_M(m, n) = \sqrt{(M_x(m, n) - x_{\mathrm{s}})^2 + (M_y(m, n) - y_{\mathrm{s}})^2} \text{ , wobei} \tag{5.6}$$

$$M(m, n) = \begin{bmatrix} M_x(m, n) \\ M_y(m, n) \end{bmatrix} = \begin{bmatrix} x_{\min} + (m - 0,5) \cdot \Delta x \\ y_{\min} + (n - 0,5) \cdot \Delta y \end{bmatrix} . \tag{5.7}$$

Die Orientierung des Zellenmittelpunkts $\gamma_M(m, n)$ gegenüber der Mittellinie des Detektionsbereichs ergibt sich mit dem globalen Winkel $\beta_M(m, n)$ zu

$$\gamma_M(m, n) = \beta_M(m, n) - (\Phi_{\mathrm{v}} + \psi_{\mathrm{s}}) \text{ , wobei} \tag{5.8}$$

$$\tan \beta_M(m, n) = \frac{M_y(m, n) - y_{\mathrm{s}}}{M_x(m, n) - x_{\mathrm{s}}} . \tag{5.9}$$

Eine Gitterzelle (m, n) wird dem inneren Detektionsbereich des Sensors zugeordnet, wenn für ihren Mittelpunkt gilt

$$d_M(m, n) < R_{\mathrm{in}} \ \wedge \ |\gamma_M(m, n)| < \theta_{\mathrm{in}} . \tag{5.10}$$

In diesem Fall wird für in der Zelle befindliche Objekte die höhere Detektionswahrscheinlichkeit $P_{\mathrm{D,in}}$ angenommen. Zellen im Randbereich wird eine reduzierte Detektionswahrscheinlichkeit $P_{\mathrm{D,out}}$ zugeordnet, während Zellen außerhalb des Sichtbereichs eine Detektionswahrscheinlichkeit $P_{\mathrm{D}} = 0$ aufweisen. Befände sich dort ein Objekt, nähme es der Sensor nicht wahr. Umgekehrt ist für diese Zellen aufgrund der Sensorinformation keine Aussage möglich, ob es sich um einen freien Bereich handelt.

Die Sichtbarkeitskarte wird mit jedem Messintervall aktualisiert. Dabei können detektierte Objekte die Detektionsbereiche verlassen. Abhängig von der Bewegung des Sensorfahrzeugs wird sich der Detektionsbereich in der Sichtbarkeitskarte verschieben, so dass auch stationäre Objekte außerhalb des Detektionsbereichs gelangen können. Mit Hilfe der Sichtbarkeitskarte lässt sich dieser Vorgang explizit beschreiben. Insbesondere Kenntnisse über stationäre Objekte können dadurch auch ohne neuerliche Detektion erhalten bleiben.

Für die grundsätzlichen Untersuchungen in dieser Arbeit wird das verwendete Gitter einfach gehalten. Die Größe der Zellen, aber auch der erfasste Bereich können für umfangreichere Anwendungen genauer den Straßenverhältnissen angepasst werden. Ziel ist dabei entweder die Anzahl der Zellen und damit den Berechnungsaufwand zu reduzieren oder andererseits die Auflösung in relevanten

Bereichen zu erhöhen. Je nach Sensor kann eine detailliertere Modellierung der Detektionswahrscheinlichkeit die Assoziation und das Tracking von Objekten verbessern.

5.1.2   Tracking- und Fusionsprozess

Der folgende Abschnitt zeigt, wie das Tracking- und Fusionskonzept programmtechnisch implementiert wird. Dargestellt ist die Verarbeitung innerhalb eines Messintervalls $\mathcal{J}$, das eine Zeitdauer T umfasst und sich in mehrere Teile gliedern lässt.

Der erste Teil des Prozesses umfasst die Verfolgung der Sensorfahrzeuge, dargestellt in Bild 5.2. Eine Basis dafür bildet die im Abschnitt 5.1.1 beschriebene Sichtbarkeitskarte, die initialisiert oder aktualisiert vorliegt. Wenn das zeitliche Ende t_{end} eines Intervalls erreicht ist, erfolgt mit Teil (3) eine abschließende Plausibilierung und Aktualisierung, beschrieben in Abschnitt 5.1.3.

Innerhalb eines Messintervalls werden neu eingehende Messungen verarbeitet, zunächst jeweils die Egodaten eines Sensorfahrzeugs $M_{\mathrm{neu}}(S_i)$. Für dieses ist aufgrund der eindeutigen Identifikationsmöglichkeit kein Assoziationsverfahren erforderlich. Handelt es sich um ein unbekanntes Sensorfahrzeug S_i, muss zunächst ein neuer Sensortrack initialisiert werden. Aufgrund der eindeutig zu identifizierenden Egomessungen eines Sensorfahrzeug kann die Initialisierung bereits mit der ersten Messung erfolgen. Ist ein Fahrzeug zusätzlich mit Umfeldsensorik ausgestattet, wird auch deren Charakteristik aufgenommen. Dazu werden Sichtbereich und Detektionswahrscheinlichkeiten neu in die Sichtbarkeitskarte eingetragen. Schließlich wird für jedes im Sichtbereich von S_i befindliche, bereits bekannte Objekt O_j eine Prüfmatrix $\mathbf{PM}_{ij}$ initialisiert.

Handelt es sich um ein bereits bekanntes Sensorfahrzeug S_i, erfolgt eine Prädiktion des Tracks auf t sowie ein Innovationsschritt anhand seiner neuen Messung gemäß des in Kap. 4.3 beschriebenen Trackings. Zusätzlich wird der Marker J_i auf 1 erhöht. Auf diese Weise lässt sich nachvollziehen, von welchem Fahrzeug innerhalb eines Intervalls Messungen eingehen. Zum Intervallabschluss wird der Marker zurückgesetzt auf $J_i = 0$. Liefert ein Sensorfahrzeug keine Informationen mehr, erfolgt keine weitere Innovation.

In der Sichtbarkeitskarte kann außerdem der Kommunikationsbereich abhängig von der technischen Umsetzung abgebildet werden. Somit lässt sich unterscheiden, ob der Kommunikationsbereich verlassen wurde oder andere Störungen für die beendete Kommunikation in Betracht kommen.

Anschließend folgt in Teilprozess (1) das Tracking potentieller Objektmessungen des Sensorfahrzeugs, siehe Bild 5.3.

Werden von einem Sensorfahrzeug keine Umfeldmessungen geliefert, so springt der Prozess an den Anfang (0), um innerhalb des Messintervalls auf weitere Sensordaten zu warten.

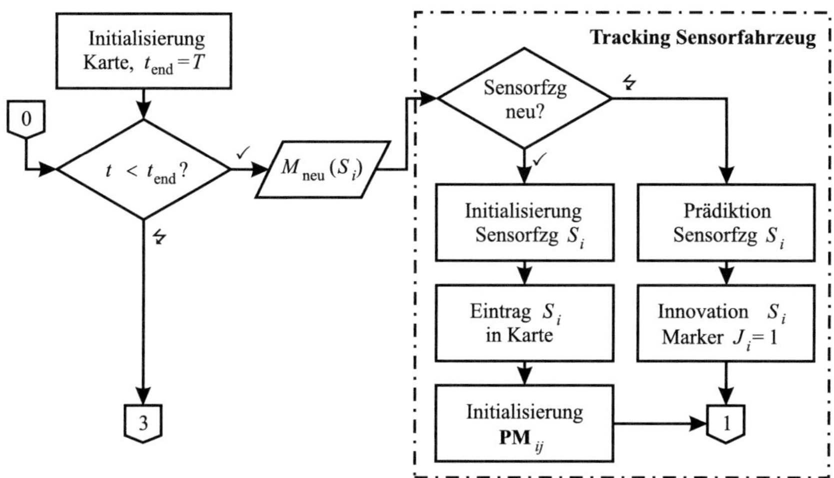

Bild 5.2: Implementiertes Fusionskonzept: Tracking des Sensorfahrzeugs.

Liegen Objektmessungen M_r vor, so wird grundlegend geprüft, ob für eine Assoziation bereits mindestens ein Track neben dem Sensorfahrzeug existiert. In Frage käme dabei auch die Egomessung eines anderen Sensorfahrzeugs, wenn sich dieses im Sichtbereich SB_i befindet. Damit ergibt sich als Bedingung für die Objektanzahl $\{O_{j,\mathrm{act}}\} + \{S_{i,\mathrm{act}}\} \geq 2$. Die existierenden Tracks werden auf t_{mess} prädiziert.

Um den Assoziationsaufwand zu begrenzen, werden alle Tracks ausgeschlossen, die sich außerhalb des Sensor-Sichtbereichs SB_i befinden. Ebenso kann eine Assoziation ausgeschlossen werden, wenn die Mahalanobis-Distanz zwischen Messung und Track einen Grenzwert übersteigt $\mathrm{MD}_{jr} \leq g^2$. Für die verbleibenden Kombinationen aus Tracks und Messungen mit einer Likelihood $\Lambda_{jr} \neq 0$ erfolgt die Assoziation durch das cJPDA-Verfahren. Nach Innovation der Tracks und damit Fusion der neuen Messungen wird im Marker J_{ij} dokumentiert, von welchem Sensor die Information stammte.

Wenn mit diesem Vorgehen alle Messungen M_r bestehenden Tracks zugeordnet werden konnten, gelangt der Prozess wieder an den Anfang (0). Existieren noch keine Objekttracks oder konnten einzelne Messungen M_r keinem bestehenden Track zugeordnet werden, so wird in Teil (2) die Initialisierung neuer Objekttracks geprüft. Die Schritte zur Initialisierung eines Objekttracks sind in Bild 5.4 gezeigt.

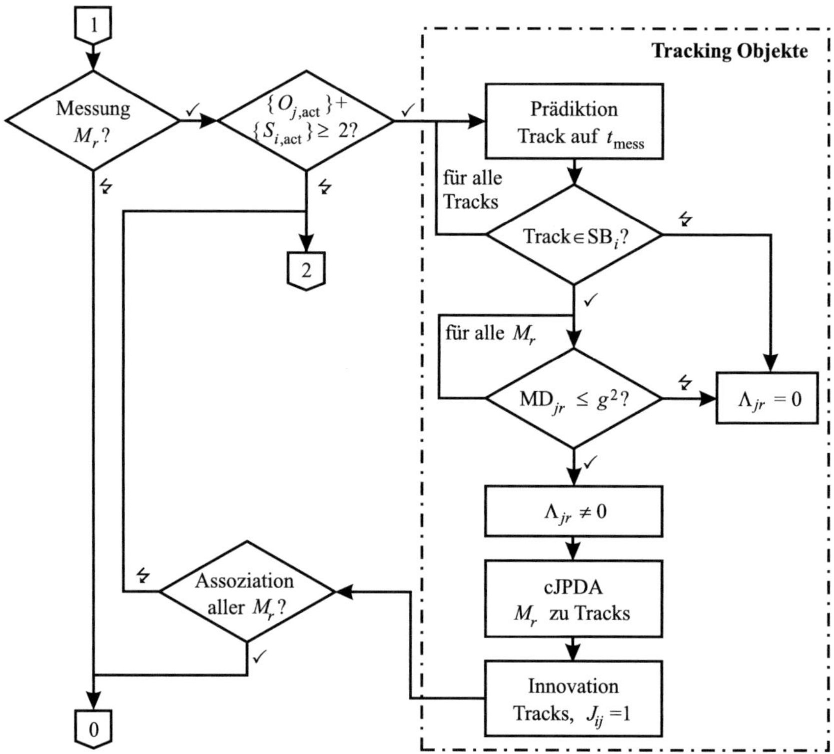

Bild 5.3: Implementiertes Fusionskonzept: Tracking der Objekte.

Um die Fusion nicht mit einzelnen Streumessungen, auch Clutter genannt, zu belasten, werden neue, nicht assoziierte Messungen M_r zunächst in einer Speichermatrix **SM** vorgehalten:

$$\mathbf{SM} = \begin{bmatrix} \text{Zeit } t \\ \text{Messung } \mathbf{z}_r \\ \text{Kovarianz } \mathbf{Q}_r \\ \text{Sensor } S_i \end{bmatrix} \tag{5.11}$$

Die Initialisierung eines Objekttracks O_j erfolgt erst, wenn eine aktuelle den früheren Messungen der Speichermatrix zugeordnet werden kann. Potenziell zugehörig gelten Messungen, die zeitlich nicht zu weit auseinander liegen, so dass gilt $t(M_r) - t(M_s) \leq \Delta t_{\max}$, und deren Mahalanobis-Distanz unterhalb des Initialisierungsgrenzwerts liegt $\mathrm{MD}_{sr,\mathrm{ini}} \leq g_{\mathrm{ini}}^2$.

Zur Initialisierung eines Objekttracks gehört außerdem die Erstellung der Prüfmatrizen $\mathbf{PM}_{ij}$ für alle an der Initialisierung beteiligten Sensoren S_i. Sind Eintragungen der Speichermatrix $\mathbf{SM}$ veraltet, so wird diese in einem Aktualisierungsschritt bereinigt.

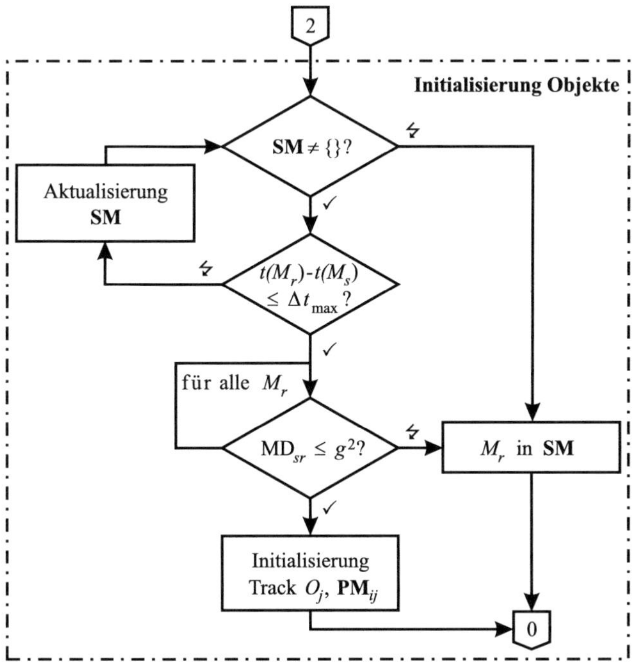

Bild 5.4: Implementiertes Fusionskonzept: Initialisierung der Objekte.

5.1.3 Plausibilisierung, Konsistenzprüfung

Neben der Objektverfolgung ist ein wichtiges Element der konsistenten Umfeldbeschreibung die Plausibilisierung der fusionierten Messdaten. Diese erfolgt mit Hilfe von Prüfmatrizen und der Sichtbarkeitskarte.

Über Prüfmatrizen $\mathbf{PM}_{ij}$ für jeden von einem Sensor S_i verfolgten Objekttrack O_j wird die Sichtbarkeitskarte mit dem Tracking-Prozess verknüpft. Die Prüfmatrix enthält pro Zeitschritt folgende Informationen:

$$\mathbf{PM}_{ij} = \begin{bmatrix} \text{Zeitschritt} \\ \text{Detektionswahrscheinlichkeit} \\ \text{Updatemarker} \\ \text{Fehlermarker} \end{bmatrix} \tag{5.12}$$

$$= \begin{bmatrix} \cdots & t_{k-1} & t_k & \cdots \\ \cdots & P_{\mathrm{D}}(t_{k-1}) & P_{\mathrm{D}}(t_k) & P_{\mathrm{D}}(t_{k+1}) \\ \cdots & \cdots & UM(t_{k-1}, t_k) & \cdots \\ \cdots & \cdots & FM(t_{k-1}, t_k) & \cdots \end{bmatrix} .$$

Mit dem Updatemarker UM wird dokumentiert, wenn innerhalb eines Intervalls das Objekt O_j von dem Sensor S_i detektiert wurde. Bei der Plausibilisierung am Intervallende kann damit die tatsächliche Detektion mit der Wahrscheinlichkeit aus der Sichtbarkeitskarte abgeglichen werden. Entgegen der Erwartung ausbleibende Detektionen werden zusätzlich über den Fehlermarker dokumentiert. Dieser Marker wird fortgeschrieben und gibt damit an, über wie viele Intervalle eine Detektion ausgeblieben ist.

Nach Initialisierung eines neuen Sensors S_i wird eine neue Prüfmatrix erstellt für jedes durch ihn verfolgte Objekt O_j. Die erste Zeile enthält alle Zeitschritte über die Lebensdauer des Sensors und Objekts, für welche jeweils die Detektionswahrscheinlichkeit bestimmt wird und eine Prüfung der Objektdetektionen erfolgt. Die Zeitschritte definieren den Anfang und das Ende eines Messintervalls

$$\mathcal{J} = (t_{k-1}, \ t_k] . \tag{5.13}$$

Am Ende eines Intervalls $\mathcal{J}$ werden die Positionen jedes im Tracking geführten Sensors und Objekts prädiziert auf t_k. Im Rahmen der Abbruchprüfung werden jene Objekttracks O_j beendet, deren Varianz einen vorgegebenen Grenzwert übersteigt:

$$\sigma_{j,\epsilon}^2 < \sigma_{\mathrm{grenz},\epsilon}^2 \tag{5.14}$$

Wurde ein Objekt über mehrere Zeitschritte prädiziert, ohne dass neue Messungen assoziiert werden konnten, erhöht sich seine Unsicherheit so stark, dass es nicht mehr sinnvoll weiter verfolgt werden kann. Im Normalfall geht dies mit einer reduzierten Detektionswahrscheinlichkeit einher, beispielsweise wenn das Objekt den Sichtbereich des Sensors verlässt. Mit dem Abbruch des Tracks wird auch die zugehörige Prüfmatrix nicht mehr fortgeschrieben.

Eine Besonderheit stellen Objekte mit Geschwindigkeit 0 dar, deren globale Position mit höherer Wahrscheinlichkeit konstant bleibt. Ihre Varianz steigt daher nur langsam und über die Sichtbarkeitskarte können sie noch länger erfasst werden, auch wenn sie nicht mehr im Sichtbereich eines Sensors liegen. Ihre höhere Existenzwahrscheinlichkeit ermöglicht eine schnellere Assoziation, wenn sie erneut in den Sichtbereich eines Sensors kommen.

Ein Sensortrack S_i wird nach wenigen Intervallen beendet, wenn sich der Sensor nicht mehr in Kommunikationsreichweite befindet und seine Identität daher keine Informationen mehr liefert.

Nach der Abbruchprüfung erfolgt die Plausibilisierung der verbleibenden Tracks über die Prüfmatrizen $\mathbf{PM}_{ij}$. Hierfür werden die Detektionswahrscheinlichkeiten P_D für jede Kombination eines Sensors S_i und eines verfolgten Objekts O_j zum Zeitpunkt t_k bestimmt und in der zweiten Zeile der jeweiligen Prüfmatrix $\mathbf{PM}_{ij}$ eingetragen.

Wenn einem Objekttrack O_j innerhalb des Intervalls wie erwartet eine Messung M_r des Sensors S_i assoziiert wird und damit eine Aktualisierung erfolgt, wird auch der Updatemarker $UM(t_{k-1}, t_k)$ auf 1 erhöht. Außerdem wird der Fehlermarker um 1 reduziert, falls aus vorherigen Schritten $FM > 0$ war. Liefert der Sensor S_i keine neue Messung zu O_j, bleibt der Updatemarker $UM = 0$. Ein einzelner Sensorausfall kann somit über die Diskrepanz zwischen der erwarteten und der tatsächlich nicht erfolgten Messung erkannt werden. Liegen die Detektionswahrscheinlichkeiten für die Sensor-Objekt-Kombination zu Beginn und Ende des Intervalls $\mathcal{J}$ oberhalb eines vorgegebenen Grenzwerts $P_{D,\mathrm{grenz}}$, während der Updatemarker $UM(t_{k-1}, t_k) = 0$ ist, wird dies im Fehlermarker $FM(t_{k-1}, t_k)$ dokumentiert. Erhöhte Fehlermarker lassen einen Sensorausfall vermuten.

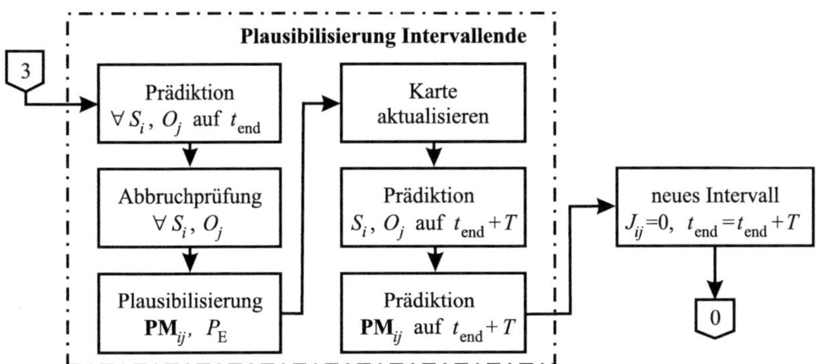

Bild 5.5: Implementiertes Fusionskonzept: Plausibilisierung Intervallende.

Für diese Interpretation sollte aber zunächst eine räumliche Verdeckung des Objekts aus Sensorsicht ausgeschlossen werden. Verdeckungen lassen sich bereits bei der Berechnung der Detektionswahrscheinlichkeiten in der Sichtbarkeitskarte berücksichtigen. In den meisten Szenarien dürfte es jedoch weniger rechenintensiv sein, die Möglichkeit einer Verdeckung erst zu prüfen, wenn ein potentieller Sensorfehler angenommen wird. Eine Verdeckung kann angenommen werden, wenn es ein von S_i detektiertes Objekt O_{occ} gibt, für das in lokalen Sensorkoordinaten gilt

$$d_{\mathrm{occ}} < d_j \ \wedge \ \gamma_j - arctan(d_{\mathrm{occ}}^{-1}) < \gamma_{\mathrm{occ}} < \gamma_j + arctan(d_{\mathrm{occ}}^{-1})\,. \qquad (5.15)$$

Die Winkelbedingung erfasst geometrisch die verdeckende Wirkung eines Objekts O_{occ} gegenüber dem gesuchten Objekt O_j, die mit zunehmender Entfernung d_{occ} vom Sensor S_i abnimmt. Wird ein verdeckendes Objekt identifiziert, so wird die Detektionswahrscheinlichkeit entsprechend reduziert und die ausbleibende Messung lässt sich plausibel erklären. Ohne Verdeckung wird schließlich ein Sensorausfall angenommen und über eine Erhöhung des Fehlermarkers $FM(t_{k-1}, t_k)$ um 1 vermerkt.

Wächst der Fehlermarker über mehrere Intervalle an, manifestiert sich der Verdacht eines Sensorfehlers. Über einen Abgleich aller Prüfmatrizen des Sensors S_i lässt sich genauer feststellen, ob es sich um einen generellen oder eventuell räumlich einzugrenzenden Sensorfehler handelt. Innerhalb des Sensornetzwerks kann als Konsequenz dieser Erkenntnis wiederum die Detektionswahrscheinlichkeit reduziert oder im Extremfall der entsprechende Sichtbereich als nicht beobachtet angenommen und in der Sichtbarkeitskarte entsprechend vermerkt werden. Auf diese Weise wird vermieden, dass ein Sichtbereich aufgrund eines Sensorfehlers als frei angenommen wird, was bei der Bahnplanung fatale Folgen haben könnte. Weitergehende Maßnahmen hängen von der Nutzung des Sensors im jeweiligen Fahrzeug ab.

Neben der Möglichkeit eines Sensorausfalls könnte auch das Objekt nicht existieren. Ein Geisterobjekt, das über einige Intervalle hinweg detektiert, initialisiert und verfolgt wird, fällt bei der Plausibilisierung auf, wenn es sich in den überlappenden Sichtbereichen mehrerer Sensoren befindet. Um diesen Fall zu verarbeiten, wird neben der Kovarianz der Objektmessungen die Existenzwahrscheinlichkeit $P_{\mathrm{exist},j}$ des Objekts betrachtet. Mit der Initialisierung des Objekttracks wird zunächst eine Existenzwahrscheinlichkeit von $P_{\mathrm{exist,\,init}} = 0,5$ angenommen. Mit jeder weiteren Innovation durch einen Sensor wird die Existenzwahrscheinlichkeit des Objekts um ϵ erhöht bis zu einem Maximalwert $P_{\mathrm{exist,\,max}}$. Im einfachsten Fall ist $\epsilon = const.$, kann aber in Abhängigkeit der Sensorcharakteristik variiert werden.

Die Summe der Sensoren mit Detektionswahrscheinlichkeit $P_D > P_{D,grenz}$ wird mit I bezeichnet. Zur Plausibilisierung wird anhand der Updatemarker und Fehlermarker am Intervallende festgestellt, dass von I potentiellen Sensoren G das Objekt detektieren und F Sensoren keine Detektion beitragen, so dass gilt $I = G + F$. Daraus wird die Existenzwahrscheinlichkeit folgendermaßen berechnet:

$$G > F : P_{\text{exist}}(t_k) = P_{\text{exist}}(t_{k-1}) + \epsilon \; ; \tag{5.16}$$

$$G \leq F : P_{\text{exist}}(t_k) = P_{\text{exist}}(t_{k-1}) - \epsilon \; ; \tag{5.17}$$

$$I = 0 : P_{\text{exist}}(t_k) = P_{\text{exist}}(t_{k-1}) \; . \tag{5.18}$$

Für $I = 0$ steigt somit nur die Kovarianz des Objekts, während seine Existenzwahrscheinlichkeit erhalten bleibt, auch wenn es nicht mehr im Sichtbereich von Sensoren liegt. Die Existenzwahrscheinlichkeit eines Objekts kann als weiteres Kriterium zur Terminierung des entsprechenden Tracks verwendet werden.

Der Maximalwert der Existenzwahrscheinlichkeit wird abgeleitet aus der Anzahl I und der Zuverlässigkeit der Sensoren. Befindet sich ein Objekt im Sichtbereich mehrerer Sensoren, kann die Existenzwahrscheinlichkeit $P_{\text{exist},j}$ des Objekts auf einen höheren Wert $P^{(I>1)}_{\text{exist, max}} > P^{(I=1)}_{\text{exist, max}}$ ansteigen. Für die Egomessung eines Sensorfahrzeugs mit eindeutiger Identifikation wird sofort die maximale Existenzwahrscheinlichkeit $P_{\text{exist},i} = 1$ angenommen.

Wenn die Mehrheit der Sensoren ein Objekt unerwartet nicht detektiert, führt dies zu einer reduzierten Existenzwahrscheinlichkeit des Objekts. Um sie oberhalb Null zu begrenzen, kann eine Mindestwahrscheinlichkeit $P_{\text{exist, min}}$ beispielsweise angenommen werden aus dem Verhältnis von detektierenden Sensoren G zur Gesamtzahl I, die das Objekt hätte sehen sollen.

$$F > 0 : P_{\text{exist, min}} = \frac{G}{G + F} = \frac{G}{I} \; . \tag{5.19}$$

Für den Fall $F = 0$ und damit $G = I$, dass also alle Detektionen wie erwartet vorliegen, fällt die Existenzwahrscheinlichkeit nicht unter $P_{\text{exist, init}}$.

Mit den neuen Positionen der verbleibenden Tracks werden die Sichtbarkeitskarte aktualisiert und die entsprechenden Detektionsbereiche eingetragen. Neben den verfolgten Objekten zum Zeitpunkt t_k werden damit auch beobachtete, freie Regionen beschrieben, die für die Bahnplanung ebenso relevant sind.

Schließlich werden alle Sensorfahrzeugpositionen auf das nächste Intervallende $t_{k+1} = t_{\text{end}} + T$ prädiziert, um die Sichtbarkeitskarte fortzuschreiben. In den Prüfmatrizen werden alle Marker bis auf den Fehlermarker zurück auf Null gesetzt und die Detektionswahrscheinlichkeiten $P_{\mathrm{D}}(t_{k+1})$ für den nächsten Zeitschritt prädiziert. Diese *a priori* Information wird bei der Assoziation der Messdaten im nächsten Intervall $\mathcal{J} = (t_k, \, t_{k+1}]$ genutzt.

5.2 Simulationsumgebung

Zur Erzeugung von reproduzierbaren Testszenarien wird eine Simulationsumgebung verwendet, die in [Ja07] detailliert beschrieben ist. Dadurch können verschiedene Verkehrsszenarien mit Sensorfahrzeugen und anderen Verkehrsteilnehmern dargestellt werden als Abfolge von kleinen Szenen. Aus diesen Szenarien werden Daten abgeleitet vergleichbar zu den realen Messdaten der Sensorfahrzeuge, wobei Ego- und Umfeldsensoren simuliert werden.

5.2.1 Modellierung

Alle Objekte werden als Massenpunkte modelliert, die über ihre Position in kartesischen Koordinaten sowie den Betrag und die Richtung ihrer Geschwindigkeit charakterisiert sind. Ihre Bewegung zwischen diskreten Positionen in der zweidimensionalen Welt wird über der Zeit als geradlinig mit einer konstanten Beschleunigung a_k abgebildet. Der zugehörige Verbindungsvektor lautet $(\, a_k \;\; \phi_k \;\; s_k \,)^{\mathrm{T}}$. Bei gegebener Anfangszeit und Anfangsgeschwindigkeit ist über die Eingabe der Positionskoordinaten und Beschleunigung der Zustand des Objekts eindeutig bestimmt. Solange die Richtungsänderung zwischen zwei Positionen gering ist, bietet das Bewegungsmodell eine gute Näherung bei gleichzeitig reduzierter Datenmenge und damit vereinfachter Eingabe.

Wie in diesem Kapitel bereits für die realen Sensorfahrzeuge dargestellt, wird auch in der Simulation zwischen Ego- und Umfeldsensoren unterschieden. Der Zustandsvektor des Sensorfahrzeugs i basiert auf Egosensoren und wird in globalen Koordinaten mit dem Ursprung o bezeichnet als $_{o}\mathbf{x}_{oi}$. Gegenüber den weltfesten Koordinaten des Sensorfahrzeugs liefern Umfeldsensoren Daten über ein Objekt j relativ zum bewegten Sensorfahrzeug i, was auch durch die Bezeichnung des Zustandsvektors $_{i}\mathbf{x}_{ij}$ dargestellt wird.

5.2.1.1 Modellierung der Egosensorik

Die Egosensoren liefern zu bestimmten Zeitpunkten die Basisdaten über die eigene Position in globalen Koordinaten sowie über die Bewegung entsprechend einer

Ausstattung mit GPS und Koppelnavigation wie in Unterkapitel 3.2. In der Realität gehen die Sensordaten mit unterschiedlichen Datenraten ein. Da die Simulation das fusionierte Ergebnis zur Verfügung stellen soll, kann hier vereinfacht mit einer Datenrate gearbeitet werden, die für alle Sensoren gilt. GPS-Signalausfälle werden nicht simuliert. Werden die GPS-Positionsmessungen über die Koppelnavigation gestützt, führt dies zu unterschiedlichen Standardabweichungen σ_f in Fahrtrichtung und σ_q in Querrichtung des Fahrzeugs. Die Standardabweichungen der globalen x- und y-Koordinaten sind entsprechend korreliert, weshalb die Positionen in der Simulation mit einer asymmetrischen zweidimensionalen Gaußverteilung verrauscht werden. Die unkorrelierten Daten der Orientierung und Geschwindigkeit werden in ihrer Genauigkeit mit der Standardabweichung der Koppelnavigationssensoren modelliert. Für den Egosensor ergibt sich der Zustandsvektor in weltfesten Koordinaten zu

$$
{}_o\mathbf{x}_{oi}(t) = \begin{bmatrix} x(t) \\ y(t) \\ \phi(t) \\ \dot{x}(t) \\ \dot{y}(t) \end{bmatrix} = \begin{bmatrix} \tilde{x}(t) \\ \tilde{y}(t) \\ \tilde{\phi}(t) \\ \tilde{v}(t) \cdot \cos\tilde{\phi}(t) \\ \tilde{v}(t) \cdot \sin\tilde{\phi}(t) \end{bmatrix} .
\tag{5.20}
$$

Die zugehörige Kovarianzmatrix lautet

$$
\mathbf{Q}_{o\mathbf{x}_{oi}} = \begin{bmatrix} \sigma_x^2 & \sigma_{xy} & 0 & 0 & 0 \\ \sigma_{yx} & \sigma_y^2 & 0 & 0 & 0 \\ 0 & 0 & \sigma_\phi^2 & 0 & 0 \\ 0 & 0 & 0 & \sigma_v^2 \cdot \cos^2\phi & 0 \\ 0 & 0 & 0 & 0 & \sigma_v^2 \cdot \sin^2\phi \end{bmatrix}
\tag{5.21}
$$

mit den Kovarianzen

$$
\sigma_x^2 = \sigma_f^2 \cdot \sin^2\phi + \sigma_q^2 \cdot \cos^2\phi \,,
\tag{5.22}
$$

$$
\sigma_y^2 = \sigma_f^2 \cdot \cos^2\phi + \sigma_q^2 \cdot \sin^2\phi \,,
\tag{5.23}
$$

$$
\sigma_{xy} = \sigma_{yx} = \sin\phi \cdot \cos\phi \cdot (\sigma_f^2 - \sigma_q^2) \,.
\tag{5.24}
$$

5.2.1.2 Modellierung der Umfeldsensorik

Der simulierte Umfeldsensor kann in seinem Sichtbereich, der Detektionswahrscheinlichkeit und Genauigkeit angepasst werden. Dadurch lassen sich unterschiedliche Sensorprinzipien, wie jene in Unterkapitel 3.4 beschrieben, in der Simulation abbilden.

Die Position und Geschwindigkeit des Umfeldsensors entsprechen aufgrund des Massenpunktmodells denen des Sensorfahrzeugs i. Der Sichtbereich des Sensors wird durch einen Sektor mit Öffnungswinkel θ und Reichweite R beschrieben wie in Bild 5.6 dargestellt. Die Ausrichtung ψ des Sensors im Fahrzeug muss nicht zwingend gleich der Fahrzeugorientierung sein. Sie wird in Relation zur Orientierung und damit Bewegungsrichtung des Sensorfahrzeugs angegeben.

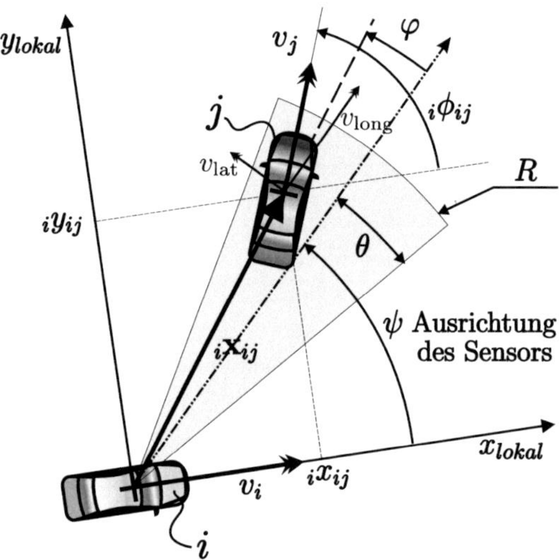

Bild 5.6: Modellierung des Egosensors in lokalen Koordinaten relativ zum Sensorfahrzeug i.

Bei den Funktionen des Sensors wird die Objektdetektion mit Positionsbestimmung von der Geschwindigkeitsmessung unterschieden. Zunächst werden alle Objekte als detektiert angenommen, die sich in dem als Sensorsichtbereich beschriebenen Sektor befinden. Die Funktion der Geschwindigkeitsmessung liefert die Relativgeschwindigkeit des Objekts gegenüber dem Sensor. Die Genauigkeit der Geschwindigkeitsmessung ist dabei stark richtungsabhängig und unterscheidet sich je nach Sensormessprinzip. Daher wird die Relativgeschwindigkeit in einen longitudinalen und lateralen Anteil zerlegt. Die Relativgeschwindigkeit des Objekts j gegenüber dem Sensorfahrzeug i ergibt sich zu

$$\begin{bmatrix} _i\dot{x}_{ij} \\ _i\dot{y}_{ij} \end{bmatrix} = \begin{bmatrix} \cos(\phi + \psi) & -\sin(\phi + \psi) \\ \sin(\phi + \psi) & \cos(\phi + \psi) \end{bmatrix} \cdot \begin{bmatrix} \dot{x}_j - \dot{x}_i \\ \dot{y}_j - \dot{y}_i \end{bmatrix} . \tag{5.25}$$

Die Messgenauigkeiten werden über die zugehörigen Standardabweichungen als Gaußsches Rauschen beschrieben.

Die exemplarische Ausgestaltung der Sensorsimulation orientiert sich an dem in Abschnitt 3.4.2.4 beschriebenen Radarsensor. Als simulierte Messdaten werden dazu Abstand, Winkel und Geschwindigkeit der detektierten Objekte gegenüber dem Sensor berechnet, so dass sich als Zustandsvektor der Radarsensordaten ergibt

$$\mathbf{s}_{\mathrm{acc}}(t) = \begin{bmatrix} d \\ \varphi \\ v_{\mathrm{long}} \\ v_{\mathrm{lat}} \end{bmatrix} \quad \text{mit } \mathbf{Q}_{s_{\mathrm{acc}}} = diag[\sigma_d^2, \sigma_\varphi^2, \sigma_{v_{\mathrm{long}}}^2, \sigma_{v_{\mathrm{lat}}}^2] \tag{5.26}$$

als Kovarianzmatrix. Die Messgenauigkeit der Relativgeschwindigkeit in longitudinaler Richtung ist sehr hoch, während eine Geschwindigkeit in lateraler Richtung durch den Radarsensor kaum gemessen werden kann. Entsprechend werden die Werte mit einem Rauschterm versehen.

Eine Objektdetektion kann durch schwache Signale, starkes Rauschen oder Verdeckungen beeinträchtigt werden. Um dies mit der Simulation abzubilden, wird eine Entdeckungswahrscheinlichkeit eingeführt, die sensorspezifisch zu modellieren ist. Für den Radarsensor wird innerhalb des Sichtbereichs eine entfernungsunabhängige Entdeckungswahrscheinlichkeit angenommen. Da ein Radarsensor über Reflexionen teilweise auch verdeckte Objekte wahrnehmen kann, werden Verdeckungen in der Simulation über eine deutlich reduzierte Entdeckungswahrscheinlichkeit abgebildet. In einer Vereinfachung gegenüber der Realität wird der Abstand zwischen dem verdeckenden und verdeckten Objekt dabei nicht berücksichtigt. Nicht dargestellt sind in der Simulation Rauschen oder einzelne Fehldetektionen nicht existierender Objekte, sog. Clutter. Ansonsten würden diese größtenteils beim Tracking der Objekte ausgefiltert. Die eingehenden Messungen der verschiedenen Sensorfahrzeuge sind wie in der Realität nicht synchronisiert, die jeweilige Messrate wird konstant gehalten.

5.2.2 Implementierte Simulationsumgebung

Die implementierte Simulationsumgebung bietet die Möglichkeit, Karten zu erstellen, Sensorfahrzeug- und Objektdaten einzugeben und die Sensorcharakteristiken zu parametrieren. Nach der durchgeführten Simulation lassen sich die simulierten Messdaten und ihre Kovarianzmatrizen ausgeben. Daneben kann zur Veranschaulichung und Überprüfung eine Filmsequenz des simulierten Szenarios generiert werden. Bild 5.7 zeigt ein Beispiel aus einer solchen Filmsequenz. Für die Evaluation der Simulationsergebnisse werden reale Messdaten aus Fahrten mit dem Versuchsfahrzeug verwendet. In der Simulation werden die Szenarien

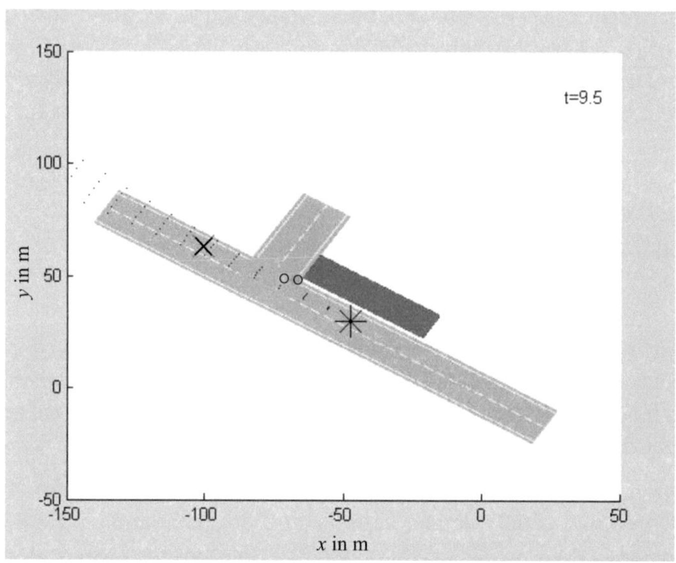

Bild 5.7: Beispielbild aus einer Simulationssequenz: Dargestellt ist ein Sensorfahrzeug ($*$) mit Sichtbereich eines Radarsensors, der ein Objekt detektiert hat ($\times$). Am Rande des Sichtbereichs befinden sich zwei weitere, noch nicht detektierte Objekte ($\circ$).

mit mehreren Fahrzeugen nachgebildet, wobei jeweils kontinuierliche Trajektorien vorgegeben werden. Anschließend werden die simulierten Sensordaten mit denen aus den realen Messfahrten verglichen.

Die Egodaten der Sensorfahrzeuge werden realitätsnah entsprechend der Vorgabe ausgegeben. Reale Fahrten unterliegen üblicherweise stärkeren Schwankungen im Geschwindigkeitsprofil, die mit einer detaillierteren Eingabe abgebildet werden könnten, in diesem Fall aber vereinfacht dargestellt werden.

Die Simulation der Objektdetektion bildet besonders gut die Messung des Abstands und der Relativgeschwindigkeit von Objekten ab. Dies entspricht der Charakteristik des real verwendeten Radarsensors. Daneben zeigen sich folgende Abweichungen:

- Die Relativgeschwindigkeit verändert sich real kontinuierlicher als in der Simulation, der ein diskretes Bewegungsmodell zugrunde liegt.

- Die realen Winkeldaten des Radarsensors unterliegen einer deutlich größeren Schwankung durch die räumliche Ausdehnung der Fahrzeuge. Aufgrund des Radarmessprinzips werden die reflektierenden Scheinwerfer an den Fahrzeugecken zusätzlich betont und können zu springenden Positionen des Objekts führen. Dieser Effekt wird in der Simulation nicht genau abgebildet.

- Der Verdeckungseffekt ist in den realen Messdaten abhängig vom Abstand, was durch die konstant reduzierte Entdeckungswahrscheinlichkeit in der Simulation nicht genau wiedergegeben wird.

- Die Detektion von Objekten am Rand des Sichtbereichs erfolgt real teilweise auf deutlich abweichenden Positionen. Es ist anzunehmen, dass der tatsächliche Sichtbereich des Sensors nicht wie für die Simulation angenommen ein ideales Kreissegment bildet, sondern eine unregelmäßigere Form aufweist.

Die über die Simulation erzeugten Sensordaten entsprechen insgesamt denen aus realen Testfahrten mit Sensorfahrzeugen. Damit steht eine Simulationsumgebung zur Verfügung, mit der realitätsnahe Messdaten von Sensorfahrzeugen und anderen Verkehrsteilnehmern generiert werden können, um das Fusionskonzept für die kooperative Wahrnehmung zu testen.

5.3 Modellbasierte Erprobung

Um das Konzept der kooperativen Wahrnehmung zu testen, werden Verkehrsszenarien verwendet, die mit der in Abschnitt 5.2 beschriebenen Simulationsumgebung generiert werden [Voi07]. Ein typisches Szenario ist in Bild 5.8 dargestellt.

Das Sensorfahrzeug S_1 fährt geradeaus von West nach Ost auf der mittleren Spur einer dreispurigen Straße und detektiert vor sich ein anderes Fahrzeug O_1. Von Süden mündet eine Seitenstraße, auf der sich ein zweites Sensorfahrzeug S_2 nähert. Es biegt auf die rechte Spur der Hauptstraße ein und fährt neben S_1 ebenfalls nach Osten. Durch die Kommunikation zwischen den beiden Sensorfahrzeugen erhalten sie gegenseitig Informationen über den Zustand und die Wahrnehmung des anderen. Ihre Sichtbereiche überlappen sich zeitweise, so dass redundante Informationen zustande kommen und O_1 von beiden Sensorfahrzeugen detektiert wird.

Das Szenario lässt sich zeitlich in Abschnitte einteilen, die durch unterschiedliche Konstellationen und damit Detektionen gekennzeichnet sind:

- Zeit t_0 bis t_1: Sensorfahrzeug S_1 und Objektfahrzeug O_1 befinden sich westlich der Einmündung und fahren ostwärts; Sensorfahrzeug S_2 fährt nach Norden; O_1 wird nur durch S_1 detektiert.

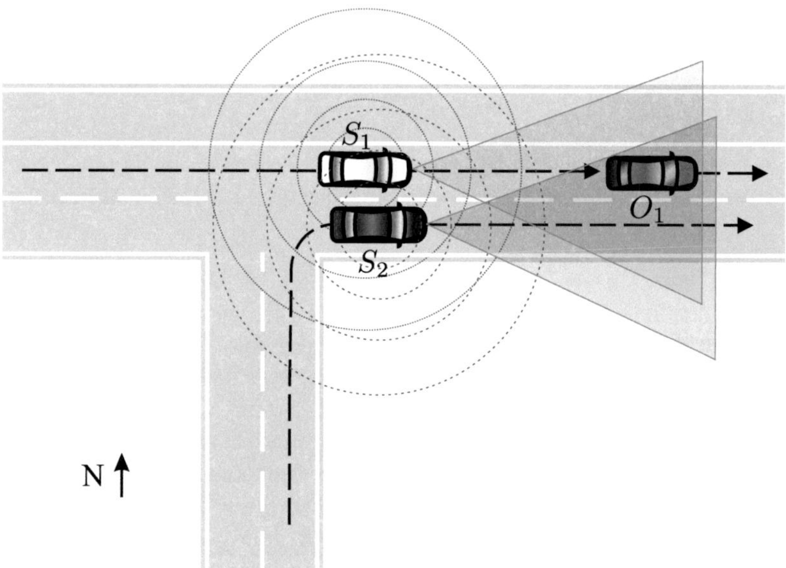

Bild 5.8: Simuliertes Szenario mit zwei Sensorfahrzeugen S_1 und S_2 sowie einem Objektfahrzeug O_1.

- Zeit t_1 bis t_2: S_1 befindet sich weiterhin westlich der Einmündung; S_2 fährt weiterhin nach Norden; O_1 passiert die Einmündung auf dem Weg nach Osten und wird dabei sowohl von S_1 als auch S_2 detektiert, deren Sichtbereiche sich überkreuzen wie in Bild 5.9 dargestellt.

- Zeit t_2 bis t_3: S_1 befindet sich weiterhin westlich der Einmündung; S_2 fährt weiterhin nach Norden; O_1 fährt nun ostwärts der Einmündung und wird dabei nurmehr durch S_1 detektiert.

- Zeit t_3 bis t_{end}: S_1 passiert die Einmündung auf dem Weg nach Osten; S_2 biegt auf die Hauptstraße nach Osten ein und bleibt auf der rechten Spur; das nach Osten vorausfahrende O_1 wird wiederum von S_1 und S_2 detektiert, deren Sichtbereiche sich nun parallel überlappen.

Bild 5.9 stellt die Sichtbarkeitskarte in der Zeit $t_1 < t < t_2$ dar, in der sich die Sichtbereiche von S_1 und S_2 an der Einmündung überkreuzen und O_1 von beiden detektiert werden kann. Über die kooperative Wahrnehmung ist O_1 bereits bekannt. Anhand der Sichtbarkeitskarte wird die zusätzliche Detektion des O_1 durch S_2 als Bestätigung erwartet. Ist diese konsistent, kann die Messung direkt zum bereits bestehenden Track assoziiert werden, der bis dahin nur aus Messungen von S_1 innoviert wurde.

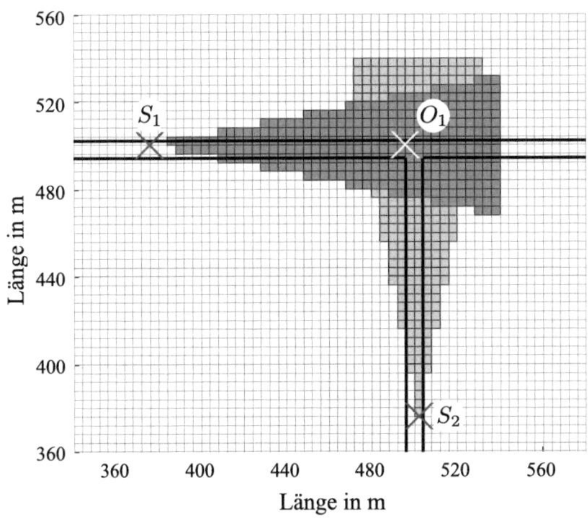

Bild 5.9: Sichtbarkeitskarte zur Zeit $t_1 < t < t_2$.

Die Messungen des O_1 aus den verschiedenen Sichten von S_1 und S_2 werden zu einem Objekttrack fusioniert. Die Informationsfusion aus mehreren Sensorsichten führt, wie in Bild 5.10 zu erkennen, gegenüber der durch einen Sensor zu erreichenden Existenzwahrscheinlichkeit $P_{\text{exist, max}}^{(I=1)}$ zu einer Erhöhung der Existenzwahrscheinlichkeit des O_1 bis auf das Maximum für zwei Sensorfahrzeuge $P_{\text{exist, max}}^{(I=2)}$.

Das implementierte Konzept soll auch längere Sensorausfälle und Fehlmessungen verarbeiten können. Geht in einzelnen Messintervallen keine neue Sensorinformation ein, reduziert sich die Existenzwahrscheinlichkeit entsprechend kurzzeitig wie in Bild 5.10 zu sehen. Für einen umfangreicheren Test werden im simulierten Szenario Messungen über längere Sequenzen gelöscht, so dass sich folgende Zeitabschnitte verändert darstellen:

- Zeit t_1 bis t_2: Messung des O_1 an der Einmündung nur durch S_1; Messung durch S_2 fehlt entgegen der Sichtbarkeitskarte (überkreuzende Sichtbereiche).

- Zeit t_3 bis t_4: Messung des O_1 an der Einmündung nur durch S_1; Messung durch S_2 fehlt entgegen der Sichtbarkeitskarte (parallel überlappende Sichtbereiche).

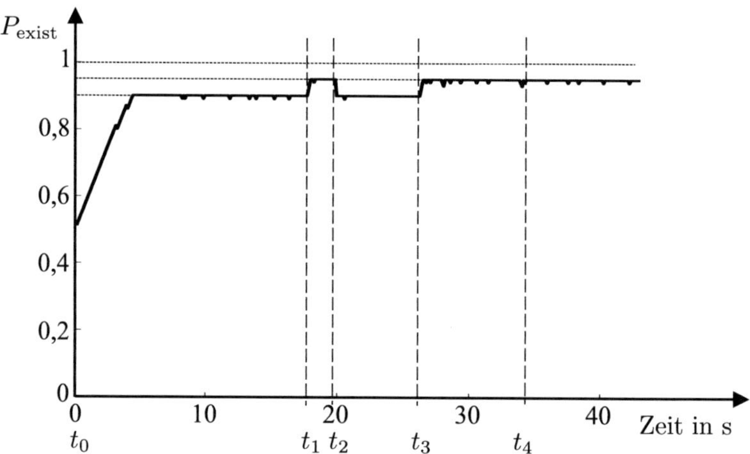

Bild 5.10: Existenzwahrscheinlichkeit des Objekts O_1 aufgrund der Detektion durch einen bzw. zwei Sensoren.

- Zeit t_4 bis t_{end}: Ende des eingebrachten Fehlers; Messung des O_1 durch S_1 und S_2 (parallel überlappende Sichtbereiche).

Die fusionierten Messungen ergeben ein kontinuierliches Tracking des Objekts O_1. Ohne die Erwartung aufgrund der Sichtbarkeitskarte würden die fehlenden Messungen jedoch nicht auffallen. Über die Plausibilisierung und Anpassung der Existenzwahrscheinlichkeit zeigt der Ausfall in Bild 5.11 Konsequenzen.

- Da sich der Widerspruch zwischen den eingehenden Messungen von S_1 und den fehlenden Detektionen von S_2 nicht durch eine Verdeckung erklären lässt und auch sonst keine Einschränkung des S_2 zu erkennen, sinkt die Existenzwahrscheinlichkeit P_{exist} des O_1 im Vergleich zu einem einzigen Beobachter $P_{\text{exist, max}}^{(I=1)}$.

- Sobald O_1 den Sichtbereich des S_2 zum Zeitpunkt t_2 verlässt, ändert sich die Erwartung an S_2 und die alleinige Beobachtung durch S_1 genügt, um die Existenzwahrscheinlichkeit wieder zu erhöhen.

- Nach $t = t_3$ fehlt wiederum die erwartete Beobachtung durch S_2, so dass die Existenzwahrscheinlichkeit über mehrere Intervalle auf das Minimum für zwei widersprüchliche Beobachter $P_{\text{exist, min}} = \frac{1}{2}$ sinkt.

- Wenn ab $t = t_4$ schließlich doch Beobachtungen des S_2 eingehen, steigt

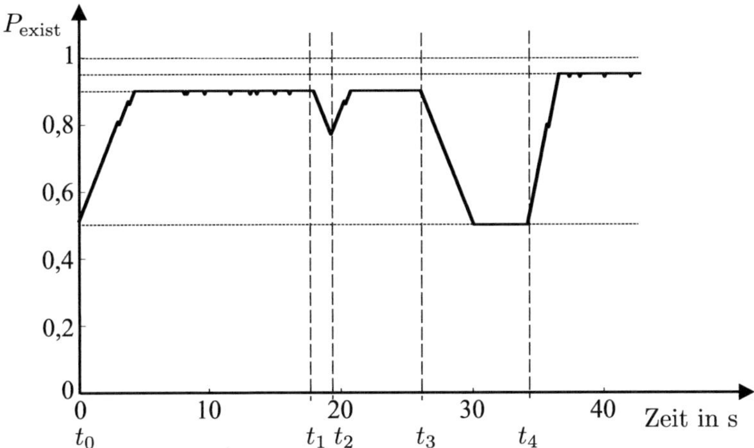

Bild 5.11: Existenzwahrscheinlichkeit des Objekts O_1 bei unerwartetem Sensorausfall von S_2 im Zeitraum $t_1 < t < t_2$ sowie $t_3 < t < t_4$.

auch die Existenzwahrscheinlichkeit des O_1 bis zum Maximum für zwei Beobachter.

Die negative Sensorevidenz in der Sichtbarkeitskarte wird also als Widerspruch zur positiven Objektdetektion erkannt. Nach der Plausibilisierung kann die Inkonsistenz über die reduzierte Existenzwahrscheinlichkeit des detektierten Objekts im Umfeldbild berücksichtigt werden.

Wesentliche Ergebnisse des Kapitels

Um das Fusionskonzept für die kooperative Wahrnehmung zu testen, wurde eine Simulationsumgebung entwickelt. Hiermit können unterschiedliche Szenarien erstellt werden, aus denen sich realitätsnahe Messdaten der Ego- und Umfeldsensorik kognitiver Fahrzeuge generieren lassen.

Mit dem dargestellten und weiteren untersuchten Szenarien kann gezeigt werden, dass die gobale Registierung und das zentralisierte Tracking aller Informationen in globalen Koordinaten mit dem cJPDA-Filter und mehreren Kalman-Filtern gut funktioniert. Die Kombination des parameterbasierten Trackings mit einem gitterbasiertem Ansatz wurde erfolgreich implementiert, so dass eine deutlich umfassendere Umfeldbeschreibung erreicht wird, in die sich negative Sensorevidenzen sinnvoll integrieren lassen.

Fahrzeugvernetzung und Informationsaustausch führen zu einer komplexeren Wahrnehmung, in der es eher zu Inkonsistenzen kommen kann. Diese lassen sich durch eine Plausibilisierung der Informationen anhand der Detektionswahrscheinlichkeiten und tatsächlich vorliegenden Messdaten erkennen. Je nach Art der Inkonsistenz wird aufgrund dessen die Detektionswahrscheinlichkeit des Sensors oder die Existenzwahrscheinlichkeit des Objekts angepasst. Indem mit allen Informationen die Sichtbarkeitskarte aktualisiert wird, ergibt sich aus den Informationen der vernetzten Fahrzeuge schließlich eine umfassende Umfeldbeschreibung. Hier zeigt sich exemplarisch, dass die negative Sensorevidenz wichtige Informationen für die Plausibilisierung der kooperativen Wahrnehmung bietet und damit zu einer konsistenten Umfeldbeschreibung beiträgt.

Da nicht nur Egosensorik, sondern auch Informationen der Umfeldsensorik einbezogen werden, werden auch unvernetzte Verkehrsteilnehmer erfasst. Bereits mit geringerem Ausrüstungsgrad ist daher eine kooperative Wahrnehmung möglich.

Wenn Fahrzeuge unterschiedlich vernetzt sind, wird ihr jeweiliges, durch die Fusion entstehendes Umfeldbild verschiedene Informationen enthalten. Widersprüche innerhalb eines Bildes werden über das Konzept der negativen Sensorevidenz aber identifiziert und lassen sich in eine konsistente Beschreibung überführen. Diese kann sowohl für fahrzeugeigene Assistenzfunktionen genutzt werden als auch eine Basis für abgestimmte Entscheidungen und Handlungen bis hin zum kooperativen Fahren bilden.

6 Zusammenfassung und Ausblick

Diese Arbeit liefert ein Gesamtkonzept, mit dem die Informationen mehrerer kognitiver Fahrzeuge zu einer gemeinsamen Wahrnehmung ihres Umfelds fusioniert werden können. Diese Umfeldbeschreibung bietet eine Informationsbasis für unterschiedliche Fahrerassistenzfunktionen und kooperative Anwendungen.

Auf Basis bekannter Fusions- und Trackingverfahren wurde ein Konzept entwickelt, das sich an den Gegebenheiten des heutigen Straßenverkehrs orientiert. Es wird davon ausgegangen, dass sich jeweils nur einige der Verkehrsteilnehmer als kognitive Fahrzeuge vernetzen. Durch die dezentrale Fusions- und Kommunikationsstruktur können sich in einem variablen Sensornetz wechselnde Fahrzeuge problemlos am Austausch beteiligen. Neben den Egoinformationen der kognitiven Fahrzeuge werden Daten ihrer Umfeldsensorik fusioniert, so dass ein umfassendes Bild entsteht, in dem auch unvernetzte Teilnehmer wahrgenommen werden.

Wichtige Voraussetzung für die kooperative Wahrnehmung ist eine genaue Lokalisierung der Sensorfahrzeuge, für die mit dem Ortungsmodul bestehend aus GPS und Koppelnavigationsensorik eine kostengünstige Lösung vorgeschlagen wird. Dabei liefert das GPS in guter Qualität die absolute Position in globalen Koordinaten, während Odometer und Gyroskop in hoher Taktrate die aktuelle Geschwindigkeit und Gierrate ausgeben. Für die Zustandsschätzung wird eine kaskadierende Filterung implementiert. In dieser werden die Fehlergrößen der Gierrate und Geschwindigkeit zunächst mit indirekten Kalman-Filtern geschätzt und nach Korrektur der totalen Größen folgt ein erweitertes Kalman-Filter als Hauptfilter.

Zur Erprobung des Verfahrens werden Messdaten aus dem Versuchsfahrzeug des Instituts für Mess- und Regelungstechnik genutzt. Dieses ist mit entsprechender Umfeld- und Egosensorik ausgestattet und kann dadurch Messungen im allgemeinen Straßenverkehr aufnehmen. Das Fusionsergebnis der realen Messdaten zeigt, dass mit dem vorgeschlagenen Verfahren die aktuelle Position sowie Geschwindigkeit und Orientierung des Fahrzeugs genau und in hoher Taktung geschätzt werden können. Hierdurch lassen sich schnelle Änderungen, vor allem Richtungswechsel des Fahrzeugs, sicher verfolgen. Dies gelingt mit geringen Abweichungen auch, wenn das GPS mehrere Sekunden ausfällt, wie z. B. in einem Tunnel. Damit eignet sich die Lokalisierung als Basis für die Registrierung der Egoinformationen, aber auch Umfeldsensordaten der kognitiven Fahrzeuge in ein gemeinsames Koordinatensystem.

Die Umfeldsensordaten werden zunächst fahrzeugintern verarbeitet zu unsicherheitsbehafteten Objektschätzungen. Bei ausreichender Güte werden sie anderen Teilnehmern zur Verfügung gestellt zusammen mit der zugehörigen Sensorcharakteristik. Exemplarisch wurden in dieser Arbeit Objektmessungen eines Radarsensors betrachtet. Für die Erprobung des Gesamtkonzepts wurde eine Simulationsumgebung erstellt, mit der Verkehrsszenarien dargestellt und daraus realitätsnahe Sensordaten generiert werden können. Anhand von vergleichbaren Szenarien und mit realen Messdaten aus dem Versuchsfahrzeug konnte die Simulation erfolgreich validiert werden.

Durch die Registrierung werden die Informationen aller Sensorfahrzeuge in einem gemeinsamen zeitlichen und räumlichen System abgebildet. Der vorgestellte Ansatz bietet die Registrierung in ein weltfestes System, aber auch eine weitere Transformation in lokale Fahrzeugkoordinaten. Für die Transformation von detektierten Objekten in globale Koordinaten wird ein Verknüpfungsoperator eingeführt, wobei die Kovarianz über den linearen Term der Taylorreihenentwicklung genähert wird. Durch den inversen Verknüpfungsoperator wird die Kovarianz nicht erhöht. Auf diese Weise bleiben die Unsicherheiten trotz Registrierung so gering wie möglich und damit die Aussagekraft der Messungen weitgehend erhalten.

Die Fahrzeug-Fahrzeug-Kommunikation wird für diese Arbeit als ausreichend hinsichtlich der Datenmenge und mit vernachlässbarer Latenz angenommen. Aus dem Forschungsstand wurden einige Grundregeln abgeleitet für einen sinnvollen Informationsaustausch zwischen den kognitiven Fahrzeugen. So sollten, um die Datenmenge zu begrenzen, nur Informationen mit einer Mindestgüte weitergegeben werden. Zudem werden ausschließlich selbst gemessene Informationen übertragen, wodurch sich Wahrnehmungsschleifen vermeiden lassen.

Für die Umfeldbeschreibung erfolgt ein rekursives Multi-Objekt-Tracking der global registrierten Messdaten durch mehrere Kalman-Filter nach Datenassoziation mit dem cJPDA. Im Trackmanagement wird aufgrund der unterschiedlichen Zuverlässigkeit unterschieden nach Ego- und Umfeldsensordaten. Die Fusion von Objektdaten aus mehreren kognitiven Fahrzeugen bedingt eine komplexe Umfeldbeschreibung, in der es auch zu Inkonsistenzen kommen kann. Zur Lösung wird die Formulierung der negativen Sensorevidenz in einem erweiterten Fusionskonzept eingeführt. Dieses wird in einer Kombination aus zentralisiertem Tracking der detektierten Objekte und gitterbasierter Umfeldkarte dargestellt. Über eine Sichtbarkeitskarte werden die Sensorcharakteristiken und damit Information über beobachtete freie Bereiche erfasst. Mit der Plausibilisierung aller Tracks über eine Prüfmatrix kann das unerwartete Ausbleiben einer Detektion erkannt und interpretiert werden. Durch die Berücksichtigung der negativen Sensorevidenz lassen sich so Schlüsse über die Detektionswahrscheinlichkeit der Sensorik und die Existenzwahrscheinlichkeit der Objekte ziehen. Das Konzept der negativen Sensorevidenz ermöglicht damit ein umfassendes Verständnis des fusionierten Umfeldbildes.

Das implementierte Konzept wurde anhand von simulativ erzeugten Messdaten erfolgreich erprobt. Im Ergebnis liefert es in jedem vernetzten Fahrzeug eine konsistente Beschreibung des Fahrzeugumfelds. Das Umfeldmodell umfasst Informationen über die Sensorfahrzeuge sowie die von ihnen erfassten Sichtbereiche mit den fusionierten und plausibilisierten Objekttracks einschließlich der Existenzwahrscheinlichkeiten. Diese kann für unterschiedliche Fahrerassistenzfunktionen oder Anwendungen des kooperativen Fahrens verwendet werden.

Abhängig von den angestrebten Assistenzfunktionen oder kooperativen Handlungen kann das in dieser Arbeit vorgestellte Konzept erweitert und verfeinert werden. Hier ist besonders die Beurteilung der Inkonsistenzen im Rahmen der Plausibilisierung interessant. Ein gutes Verständnis der einer Inkonsistenz zugrunde liegenden Problematik ermöglicht im nächsten Schritt die richtige Maßnahme zur Behebung. Mit der vorgestellten Unterscheidung zwischen Sensor- oder Objektfehler und daraus abgeleiteten Anpassung der Detektions- oder Existenzwahrscheinlichkeiten wurde dafür eine sinnvolle Basis gelegt.
Verbessert werden könnte die Modellierung der Existenzwahrscheinlichkeit eines Objekts, einerseits ihre maximalen und minimalen Grenzwerte abhängig von der Sensorkonstellation, aber auch der Parameter zur Veränderung je nach Sensorart und Fehlerfall. Die Reduktion der Detektionswahrscheinlichkeit aufgrund eines Sensorfehlers könnte über den Sichtbereich unterschiedlich erfolgen, wenn durch gemeinsame Auswertung der Prüfmatrizen festgestellt wird, ob sich ein Sensorfehler nur auf ein Objekt oder mehrere bezieht. Außerdem könnte für einen als unzuverlässig identifizierten Sensor die Assoziation verbessert werden, indem die Koeffizienten im cJPDA-Filter angepasst werden.

Da die Kartenberechnungen zu langer Rechenzeit führen, wäre eine Reduktion der berechneten Zellen sinnvoll. Mit der *a priori* Information aus digitalen Straßenkarten ließe sich das modellierte Umfeld auf den relevanten Straßenverlauf eingrenzen. Außerdem könnte die Zellengröße angepasst werden an die erwartete Komplexität sowie die angestrebte spätere Nutzung. Davon abhängig wäre eventuell auch eine Begrenzung des Gitters auf den lokalen Kommunikationsbereich des vernetzten Fahrzeugs möglich, der sich allerdings mitbewegen würde.

Insgesamt ist das Gebiet der kooperativen Wahrnehmung für Fahrzeuganwendungen umfangreich und erfordert in den beschriebenen Bereichen weitere detaillierte Betrachtungen. Die aktive Forschung führt zu zügigen Weiterentwicklungen, zuletzt im Rahmen des internationalen Wettbewerbs der *Grand Cooperative Driving Challenge*. Dabei macht auch die Fahrzeug-Fahrzeug-Kommunikation große Fortschritte, so dass in Zukunft praktische Anwendungen realistisch werden.

A Anhang

A.1 Transformation der GPS-Koordinaten (WGS-84) in UTM-Koordinaten

Zur Abbildung eines Punktes auf dem Ellipsoid mit den Koordinaten φ, λ in die Ebene, wobei die Koordinaten des abgebildeten Punktes mit x, y bezeichnet werden, führt man zunächst die Bezeichnungen

$$B(\varphi) \qquad \text{Meridianbogenlänge von Äquator bis zur Breite } \varphi$$
$$N = \frac{a^2}{b\sqrt{1+\eta^2}} \qquad \text{Normalkrümmungsradius für } \varphi$$
$$\eta^2 = e'^2 \cos^2 \varphi \qquad \text{Hilfsgröße}$$
$$t = tan\varphi \qquad \text{Hilfsgröße}$$
$$\lambda_0 \qquad \text{Länge des Grundmeridians}$$
$$l = \lambda - \lambda_0 \qquad \text{Längenunterschied zum Grundmeridian}$$

ein. Die Abbildung wird durch die Gleichungen

$$x = B(\varphi) + \frac{t}{2} N \cos^2 \varphi l^2 + \frac{t}{24} N \cos^4 \varphi (5 - t^2 + 9\eta^2) l^4 + \ldots \qquad \text{(A.1)}$$

und

$$y = N \cos \varphi l + \frac{1}{6} N \cos^3 \varphi (1 - t^2 + \eta^2) l^3 + \frac{1}{120} N \cos^5 \varphi (5 - 18t^2 + t^4) + \ldots \qquad \text{(A.2)}$$

beschrieben. Dabei ist der Längenunterschied l im Bogenmaß einzuführen und die Meridianbogenlänge $B(\varphi)$ mit Hilfe folgender Reihe

$$B(\varphi) = \alpha(\varphi + \beta \sin 2\varphi + \gamma \sin 4\varphi + \delta \sin 6\varphi + \varepsilon \sin 8\varphi + \ldots) \qquad \text{(A.3)}$$

zu berechnen, wobei die Koeffizienten durch

$$\alpha = \frac{a+b}{2}\left(1 + \frac{1}{4}n^2 + \frac{1}{64}n^4 + \dots\right)$$
$$\beta = -\frac{3}{2}n + \frac{9}{16}n^3 - \frac{3}{32}n^5 + \dots$$
$$\gamma = \frac{15}{16}n^2 - \frac{15}{32}n^4 + \dots$$
$$\delta = -\frac{35}{48}n^3 + \frac{105}{256}n^5 - \dots$$
$$\eta = \frac{315}{512}n^4 + \dots$$

mit

$$n = \frac{a-b}{a+b}$$

definiert sind. Das Ergebnis wird in der Einheit Meter erhalten, wenn die Halbachsen a und b des Ellipsoids ebenfalls in Metern und φ im ersten Term der Reihenentwicklung in Gl. A.3 im Bogenmaß eingeführt wird.

Um negative Koordinaten der westlich des Zentralmeridians liegenden Punkte zu vermeiden, werden dem Rechtswert immer 500000 (Meter) hinzugerechnet.

Für den WGS84-Ellipsoid sind die Parameter

$$a = 6377397\,, \quad b = 6356079\,.$$

A.2   Rotationen

Mit Eulerwinkeln werden Rotationen als eine Verkettung von Drehungen um die Koordinatenachsen beschrieben. Der Gierwinkel Ψ beschreibt die Drehung um die Hochachse (Z), der Nickwinkel Θ um die Y-Achse und der Wankwinkel Φ um die X-Achse. Analog zur in DIN 9300 festgelegten Konvention erfolgt die Verkettung der Drehungen um die Achsen in der Reihenfolge Z, Y', X''. Daraus ergibt sich die Rotationsmatrix für die Transformation von weltfesten zu körperfesten Koordinaten zu

$$\mathbf{R} = \mathbf{Rot}(\Psi, \Theta, \Phi) = \mathbf{R}_X(\Phi) \cdot \mathbf{R}_Y(\Theta) \cdot \mathbf{R}_Z(\Psi) \tag{A.4}$$

mit den Einzelrotationsmatrizen

$$\mathbf{R}_X(\Phi) = \begin{bmatrix} 1 & 0 & 0 \\ 0 & cos\Phi & sin\Phi \\ 0 & -sin\Phi & cos\Phi \end{bmatrix} \,,$$

$$\mathbf{R}_Y(\Theta) = \begin{bmatrix} cos\Theta & 0 & -sin\Theta \\ 0 & 1 & 0 \\ sin\Theta & 0 & cos\Theta \end{bmatrix} \,,$$

$$\mathbf{R}_Z(\Psi) = \begin{bmatrix} cos\Psi & sin\Psi & 0 \\ -sin\Psi & cos\Psi & 0 \\ 0 & 0 & 1 \end{bmatrix} \,. \tag{A.5}$$

Die Inverse einer Rotationsmatrix wird beschrieben durch $\mathbf{R}^{-1} = \mathbf{R}^{\mathrm{T}}$.

Literaturverzeichnis

[Ayc06]   O. AYCARD, A. SPALANZANI, J. BURLET, C. FULGENZI, D. VU, D. RAULO, and M. YGUEL: *Grid based fusion and tracking.* In *Proceedings of the IEEE International Conference on Intelligent Transportation Systems*, 2006.

[Bal05]   B. BALAKWMAR, A. SINHA, T. KIRUBARAJAN, and J. REILLY: *PHD filtering for tracking an unknown number of sources using an array of sensors.* In *Proceedings of IEEE/SP 13th Workshop on Statistical Signal Processing*, pages 43–48, 2005.

[Bed00]   M. BEDWORTH and J. O'BRIEN: *The omnibus model: A new model of data fusion?* IEEE Aerospace and Electronic Systems Magazine, 15(4):30–36, 2000.

[Ben05]   A. BENMIMOUN, J. CHEN, D. NEUNZIG, T. SUZUKI, and Y. KATO: *Communication-based intersection assistance.* In *Proceedings of the IEEE Intelligent Vehicles Symposium*, pages 308–312, 2005.

[Bey06]   J. BEYERER, J. SANDER und S. WERLING: *Fusion heterogener Informationsquellen.* In: J. BEYERER, F. PUENTE LEÓN und K.-D. SOMMER (Herausgeber): *Informationsfusion in der Mess- und Sensortechnik*, Seiten 21–38. Universitätsverlag Karlsruhe, 2006.

[Bla99]   S. BLACKMAN and R. POPOLI: *Design and Analysis of Modern Tracking Systems.* Artech House, 1999.

[Böh02]   F. BÖHRINGER: *Fahrzeugaufbau Umfelderfassung / Universität Karlsruhe (TH).* Abschlussbericht, 2002.

[Böh06]   F. BÖHRINGER and A. GEISTLER: *Comparison between different fusion approaches for train-borne location systems.* In *Proceedings of IEEE International Conference on Multisensor Fusion and Integration for Intelligent Systems*, pages 267–272, 2006.

[Bon03]   C. BONNET: *Chauffeur 2 final report.* In *Deliverable D24, Version 1.0, Contract IST-1999-10048*, 2003.

[Bor90]   J. BORENSTEIN and Y. KOREN: *Real-time obstacle avoidance for fast mobile robots in cluttered environments.* In *Proceedings of the IEEE International Conference on Robotics and Automation,* 1990.

[Bru06]   D. BRUNN, F. SAWO und U. D. HANEBECK: *Informationsfusion für verteilte Systeme.* In: J. BEYERER, F. PUENTE LEÓN und K.-D. SOMMER (Herausgeber): *Informationsfusion in der Mess- und Sensortechnik,* Seiten 63–78. Universitätsverlag Karlsruhe, 2006.

[BS88]   Y. BAR-SHALOM and T. E. FORTMANN: *Tracking and Data Association.* Acad. Press, 1988.

[BS00]   Y. BAR-SHALOM and W. D. BLAIR (editors): *Multitarget Multisensor Tracking: Applications and Advances,* volume 3. Artech House, 2000.

[BS01]   Y. BAR-SHALOM, X.-R. LI, and T. KIRUBARAJAN: *Estimation with Applications to Tracking and Navigation.* Wiley, 2001.

[Bur96]   W. BURGARD, D. FOX, D. HENNIG, and T. SCHMIDT: *Estimating the absolute position of a mobile robot using position probability grids.* In *Proceedings of the Fourteenth National Conference on Artificial Intelligence,* 1996.

[Châ06]   S. CHÂABOUNI, M. FRIKHA, and M. MEINCKE: *Traffic models for inter-vehicle communications.* In *Proceedings of the 2nd International Conference Information and Communication Technologies,* pages 773–778, 2006.

[Che07]   J. CHEN, S. DEUTSCHLE, and K. FÜRSTENBERG: *Evaluation methods and results of the INTERSAFE intersection assistants.* In *Proceedings of the IEEE Intelligent Vehicles Symposium,* pages 142–147, 2007.

[Chu05]   B.-W. CHUANG, J.-H. TARNG, J. LIN, and C. WANG: *System development and performance investigation of mobile ad-hoc networks in vehicular environments.* In *Proceedings of the IEEE Intelligent Vehicles Symposium,* pages 302–307, 2005.

[Dan07]   T. DANG: *Kontinuierliche Selbstkalibrierung von Stereokameras.* Universitätsverlag Karlsruhe, 2007.

[Dan09]   T. DANG, C. HOFFMANN, and C. STILLER: *Continuous self-calibration by camera parameter tracking.* IEEE Transactions on Image Processing, 18(7):1536–1550, 2009.

[Das97] B. V. DASARATHY: *Sensor fusion potential exploitation-innovative architectures and illustrative applications.* Proceedings of the IEEE, 85(1):24–38, 1997.

[Det89] J. DETLEFSEN: *Radartechnik.* Springer, 1989.

[Die05] K. DIETMAYER, A. KIRCHNER und N. KÄMPCHEN: *Fusionsarchitekturen zur Umfeldwahrnehmung für zukünftige Fahrerassistenzsysteme.* In: M. MAURER und C. STILLER (Herausgeber): *Fahrerassistenzsysteme mit maschineller Wahrnehmung*, Seiten 59–88. Springer, 2005.

[DW01] H. F. DURRANT-WHYTE, M. STEVENS, and E. NETTLETON: *Data fusion in decentralised sensing networks.* In *Proceedings of the 4th International Conference on Information Fusion.* International Society of Information Fusion, 2001.

[Elf89] A. ELFES: *Using occupancy grids for mobile robot perception and navigation.* IEEE Computer, 1989.

[Enk03] W. ENKELMANN: *FleetNet – applications for inter-vehicle communication.* In *Proceedings of the IEEE Intelligent Vehicles Symposium*, pages 162–167, 2003.

[Fes08] A. FESTAG, G. NÖCKER, M. STRASSBERGER, A. LÜBKE, B. BOCHOW, M. TORRENT-MORENO, S. SCHNAUFER, R. EIGNER, C. CATRINESCU, and J. KUNISCH: *NoW - network on wheels: Project objectives, technology and achievements.* In *Proceedings of 6th International Workshop on Intelligent Transportation*, pages 211–216, 2008.

[For83] T. E. FORTMANN, Y. BAR-SHALOM, and M. SCHEFFE: *Sonar tracking of multiple targets using joint probabilistic data association.* IEEE Journal of Oceanic Engineering, 8(3):173–184, 1983.

[Fra05] W. FRANZ, H. HARTENSTEIN, and M. MAUVE (editors): *Inter-vehicle-communications based on ad hoc networking principles.* Universitätsverlag, 2005.

[Fre07] C. FRESE, J. BEYERER, and P. ZIMMER: *Cooperation of cars and formation of cooperative groups.* In *Proceedings of the IEEE Intelligent Vehicles Symposium*, pages 227–232, 2007.

[Geh97] O. GEHRING and H. FRITZ: *Practical results of a longitudinal control concept for truck platooning with vehicle to vehicle communication.* In *Proceedings of the IEEE International Conference on Intelligent Transportation Systems*, pages 117–122, 1997.

[Gel06] A. GELB: *Applied Optimal Estimation.* M.I.T. Press, 2006.

[Göb01] J. GÖBEL: *Radartechnik.* VDE, 2001.

[Gün05] Y. GÜNTER and H. P. GROSSMANN: *Usage of wireless LAN for inter-vehicle communication.* In *Proceedings of the IEEE 8th International Conference on Intelligent Transportation Systems,* pages 296–301, 2005.

[Hal92] D. L. HALL: *Mathematical techniques in multisensor data fusion.* Artech House, 1992.

[Hed94] J. K. HEDRICK, M. TOMIZUKA, and P. VARAIYA: *Control issues in automated highway systems.* IEEE Control Systems Magazine, 14(6):21–32, 1994.

[Hil05] A. HILLER, A. HINSBERGER, M. STRASSBERGER und D. VERBURG: *Results from the WILLWARN Project.* In: *Proceedings of the European ITS Congress,* 2005.

[Hof05] J. HOFFMANN, M. SPRANGER, D. GÖHRING, and M. JÜNGEL: *Making use of what you don't see: Negative information in markov localization.* In *Proceedings of the IEEE/RSJ International Conference on Intelligent Robots and Systems,* pages 2947–2952, 2005.

[Hof06] J. HOFFMANN, M. SPRANGER, D. GÖHRING, M. JÜNGEL, and H.-D. BURKHARD: *Further studies on the use of negative information in mobile robot localization.* In *Proceedings of the IEEE International Conference on Robotics and Automation,* 2006.

[Hud99] B. HUDER: *Einführung in die Radartechnik.* Teubner, 1999.

[Hum05] B. HUMMEL and K. TISCHLER: *Robust, GPS-only map matching: Exploiting vehicle position history, driving restriction information and road network topology in a statistical framework.* In *Proceedings of the GIS Research UK Conference (GISRUK),* pages 68–77, 2005.

[HW01] B. HOFMANN-WELLENHOF, H. LICHTENEGGER, and J. COLLINS: *Global Positioning System: Theory and Practice.* Springer, 2001.

[Ja07] C. JANYA-ANURAK: *Entwicklung einer Verkehrssimulation zur Vernetzung mehrerer Fahrzeuge.* Studienarbeit, Institut für Mess- und Regelungstechnik, Universität Karlsruhe (TH), 2007.

[Jia08] D. JIANG and L. DELGROSSI: *IEEE802.11p: Towards an international standard for wireless access in vehicular environments.* In *Proceedings of the IEEE Vehicular Technology Conference,* pages 2036–2040, 2008.

[Kal60] R. E. KALMAN: *A new approach to linear filtering and prediction problems*. Transactions of the ASME. Series D, Journal of Basic Engineering, 82:35–45, 1960.

[Kal61] R. E. KALMAN and R. S. BUCY: *New results in linear filtering and prediction theory*. Transactions of the ASME. Series D, Journal of Basic Engineering, 83:95–107, 1961.

[Käm05] N. KÄMPCHEN, M. CLAUSS, Y. GÜNTER, R. M. SCHREIER, M. STIEGELER, K. TISCHLER, K. DIETMAYER, H. P. GROSSMANN, H. KABZA, H. NEUMANN, A. ROTHERMEL und C. STILLER: *Vernetzte Fahrzeug-Umfelderfassung für zukünftige Fahrerassistenzsysteme*. In: M. MAURER und C. STILLER (Herausgeber): *Proc. Workshop Fahrerassistenzsysteme*, Seiten 139 – 150, 2005. Freundeskreis Mess- und Regelungstechnik Karlsruhe e.V.

[Kha05] Y. KHALED, B. DUCOURTHIAL, and M. SHAWKY: *IEEE 802.11 performances for inter-vehicle communication networks*. In *Proceedings of the IEEE 61st Vehicular Technology Conference*, volume 5, pages 2925–2929, 2005.

[Koc99] W. KOCH: *Overview of problems and techniques in target tracking*. In *IEE Colloquium on Target Tracking: Algorithms and Applications*, 1999.

[Koc04] W. KOCH: *On 'negative' information in tracking and sensor data fusion: Discussion of selected examples*. In P. SVENSSON and J. SCHUBERT (editors): *Proceedings of the 7th International Conference on Information Fusion*, volume I, pages 91–98. International Society of Information Fusion, 2004.

[Kok93] M. KOKAR and K. KIM: *Review of multisensor data fusion architecture and techniques*. In *Proceedings of the IEEE Conference of Intelligent Control*, pages 261–266, 1993.

[Kos06] T. KOSCH, C. J. ADLER, S. EICHLER, C. SCHROTH, and M. STRASSBERGER: *The scalability problem of vehicular ad hoc networks and how to solve it*. IEEE Wireless Communications, 13(5):22–28, 2006.

[Lee02] A. LEE and M. MASON: *MATLAB simulation for computing probability of detection*. In *Proceedings of the IEEE Conference on Radar*, 2002.

[Li07] F. LI and Y. WANG: *Routing in vehicular ad hoc networks: A survey*. IEEE Vehicular Technology Magazine, 2(2):12–22, 2007.

[Lli04] J. LLINAS, C. L. BOWMAN, G. L. ROGOVA, A. N. STEINBERG, E. L. WALTZ, and F. E. WHITE: *Revisiting the JDL data fusion model II.* In P. SVENSSON and J. SCHUBERT (editors): *Proceedings of the Seventh International Conference on Information Fusion*, volume 2, pages 1218–1230. International Society of Information Fusion, 2004.

[Luo89] R. C. LUO and M. G. KAY: *Multisensor integration and fusion in intelligent systems.* IEEE Transactions on Systems, Man, and Cybernetics, 19(5):901–931, 1989.

[Mah03] R. P. MAHLER: *Multitarget Bayes filtering via first-order multitarget moments.* IEEE Trans. Aerospace and Electronic Systems, 39(4):1152–1178, 2003.

[Mak03] A. A. MAKARENKO, S. B. WILLIAMS, and H. F. DURRANT-WHYTE: *Decentralized certainty grid maps.* In *Proceedings of the IEEE/RSJ International Conference on Intelligent Robots and Systems (IROS)*, volume 4, pages 3258–3263, 2003.

[Man98] W. MANSFELD: *Satellitenortung und Navigation: Grundlagen und Anwendung globaler Satellitennavigationssysteme.* Vieweg, 1998.

[May82] P. S. MAYBECK: *Stochastic models, Estimation, and Control.* Academic Press, 1982.

[Mit10] G. MITROPOULOS, I. KARANASIOU, A. HINSBERGER, F. AGUADO-AGELET, H. WIEKER, H.-J. HILT, S. MAMMAR, and G. NOECKER: *Wireless local danger warning: Cooperative foresighted driving using intervehicle communication.* IEEE Trans. Intelligent Transportation Systems, 11(3):539–553, 2010.

[Mon03] M. MONTEMERLO and S. THRUN: *Simultaneous localization and mapping with unknown data association using FastSLAM.* In *Proceedings of the IEEE International Conference on Robotics and Automation*, 2003.

[Mor79] H. P. MORAVEC: *Sensor fusion in certainty grids for mobile robots.* AI Magazine, 1979.

[Nag07] R. NAGEL, S. EICHLER, and J. EBERSPÄCHER: *Intelligent wireless communication for future autonomous and cognitive automobiles.* In *Proceedings of the IEEE Intelligent Vehicles Symposium*, pages 716–721, 2007.

[Pul05] G. W. PULFORD: *Taxonomy of multiple target tracking methods.* In *IEE Proceedings of Radar, Sonar and Navigation*, volume 152, pages 291–304, 2005.

[Rei79] D. B. REID: *An algorithm for tracking multiple targets.* IEEE Transactions on Automatic Control, 24:843–854, 1979.

[Rei02] D. REICHARDT, M. MIGLIETTA, L. MORETTI, P. MORSINK, and W. SCHULZ: *Cartalk 2000 — safe and comfortable driving based upon inter-vehicle communication.* In *Proceedings of the IEEE Intelligent Vehicles Symposium*, 2002.

[Rob02] ROBERT BOSCH GMBH (Herausgeber): *Adaptive Fahrgeschwindigkeitsregelung ACC.* Gelbe Reihe, 2002.

[Rus06] H. RUSER und F. PUENTE LEÓN: *Methoden der Informationsfusion — Überblick und Taxonomie.* In: J. BEYERER, F. PUENTE LEÓN und K.-D. SOMMER (Herausgeber): *Informationsfusion in der Mess- und Sensortechnik*, Seiten 1–20. Universitätsverlag Karlsruhe, 2006.

[Sär04] S. SÄRKKÄ, T. TAMMINEN, A. VEHTARI, and J. LAMPINEN: *Probabilistic methods in multiple target tracking.* In *Review and Bibliography Research report B36.* Laboratory of Computational Engineering, Helsinki University of Technology, 2004.

[Sch97] H. SCHMIDT: *Was ist Genauigkeit? Zum Einfluß systematischer Abweichungen auf Meß- und Ausgleichsergebnisse.* Vermessungswesen und Raumordnung, 59(4):173–184, 1997.

[Sch06] T. SCHÜLER: *Zum Stand der differentiellen kinematischen GPS-Positionierung.* Habilitation, Institut für Erdmessung und Navigation, Universität der Bundeswehr München, 2006.

[Sim03] A. SIMON: *Führung eines autonomen Straßenfahrzeugs mit redundanten Sensorsystemen.* Fortschritt-Berichte VDI, Reihe 12, Nr. 554, 2003.

[Sim06] D. SIMON: *Optimal state estimation: Kalman, H-infinity, and Nonlinear Approaches.* Wiley-Interscience, 2006.

[Smi90] R. SMITH, M. SELF, and P. CHEESEMAN: *Estimating uncertain spatial relationships in robotics.* In I. COX and G. WILFONG (editors): *Autonomous robot vehicles*, pages 167–193. Springer, 1990.

[Sti07]   C. STILLER, G. FÄRBER, and S. KAMMEL: *Cooperative cognitive automobiles*. In *Proceedings of the IEEE Intelligent Vehicles Symposium*, pages 215–220, 2007.

[Sti11]   C. STILLER, F. PUENTE LEÓN, and M. KRUSE: *Information fusion for automotive applications — an overview*. Information Fusion, 12(4):244–252, 2011.

[Thr05]   S. THRUN, W. BURGARD, and D. FOX: *Probabilistic robotics*. MIT Press, 2005.

[Tis04]   K. TISCHLER: *Charakterisierung und Verarbeitung von Radardaten für die Informationsfusion*. In: *XVIII. Messtechnisches Symposium der Hochschullehrer für Messtechnik e.V.*, Seiten 3–12, 2004.

[Tis05a]   K. TISCHLER, M. CLAUSS, Y. GÜNTER, N. KÄMPCHEN, R. M. SCHREIER, and M. M. STIEGELER: *Networked environment description for advanced driver assistance systems*. In *Proceedings of the IEEE 8th International Conference on Intelligent Transportation Systems*, pages 112–117, 2005.

[Tis05b]   K. TISCHLER and B. HUMMEL: *Enhanced environmental perception by inter-vehicle data exchange*. In *Proceedings of the IEEE Intelligent Vehicles Symposium*, pages 313–318, 2005.

[Tis06a]   K. TISCHLER: *Sensor data fusion for cooperative perception with multiple vehicles*. In *Proceedings of the SEE Conference Cognitive systems with Interactive Sensors*, 2006.

[Tis06b]   K. TISCHLER, C. DUCHOW, and B. HUMMEL: *Information fusion for cooperative vehicles*. In C. HOCHBERGER and R. LISKOWSKY (editors): *GI Jahrestagung (1)*, volume 93 of *LNI*, pages 374–378, 2006. GI.

[Tis07]   K. TISCHLER and H. S. VOGT: *A sensor data fusion approach for the integration of negative information*. In *Proceedings of the 10th International Conference on Information Fusion*, 2007.

[Tis08]   K. TISCHLER: *Vortrag: Umfelderfassung und Sensordatenfusion für kooperative Fahrerassistenzsysteme*. In: *CCG-Seminar SE 2.18 – Multisensordatenfusion: Grundlagen und Anwendungen*, 2008.

[Tit04]   D. H. TITTERTON and J. L. WESTON: *Strapdown Inertial Navigation Technology*. Institution of Electrical Engineers, 2004.

[Tsu02] S. TSUGAWA: *Inter-vehicle communications and their applications to intelligent vehicles: an overview*. In *Proceedings of the IEEE Intelligent Vehicles Symposium*, volume 2, pages 564–569, 2002.

[Ver03] VEREIN DEUTSCHER INGENIEURE (Herausgeber): *Optische Technologien in der Fahrzeugtechnik*. VDI-Berichte Nr. 1731, 2003.

[Voi07] H. VOIGT: *Informationsfusion für die kooperative Wahrnehmung kognitiver Automobile unter Berücksichtigung negativer Information*. Diplomarbeit, Institut für Mess- und Regelungstechnik, Universität Karlsruhe (TH), 2007.

[Wen07] J. WENDEL: *Integrierte Navigationssysteme*. Oldenbourg, 2007.

[Wew07] C. WEWETZER, M. CALISKAN, K. MEIER, and A. LUEBKE: *Experimental evaluation of umts and wireless lan for inter-vehicle communication*. In *Proceedings of the 7th International Conference on ITS Telecommunications*, 2007.

[Yam96] B. YAMAUCHI: *Mobile robot localization in dynamic environments using dead reckoning and evidence grids*. In *Proceedings of the IEEE International Conference on Robotics and Automation*, 1996.

[Zar05] P. ZARCHAN and H. MUSOFF: *Fundamentals of Kalman filtering*. American Institute of Aeronautics and Astronautics, 2005.

[Zha92] Y. ZHANG and R. E. WEBBER: *On combining the Hough transform and occupancy grid methods for detection of moving objects*. In *Proceedings of the IEEE/RSJ International Conference on Intelligent Robots and Systems*, 1992.

Schriftenreihe
Institut für Mess- und Regelungstechnik
Karlsruher Institut für Technologie
(1613-4214)

Die Bände sind unter www.ksp.kit.edu als PDF frei verfügbar oder als Druckausgabe bestellbar.

Band 016   Duchow, Christian
            Videobasierte Wahrnehmung markierter Kreuzungen
            mit lokalem Markierungstest und Bayes'scher
            Modellierung. 2011
            ISBN 978-3-86644-630-4

Band 017   Pink, Oliver
            Bildbasierte Selbstlokalisierung von Straßenfahrzeugen. 2011
            ISBN 978-3-86644-708-0

Band 018   Hensel, Stefan
            Wirbelstromsensorbasierte Lokalisierung von
            Schienenfahrzeugen in topologischen Karten. 2011
            ISBN 978-3-86644-749-3

Band 019   Carsten Hasberg
            Simultane Lokalisierung und Kartierung spurgeführter
            Systeme. 2012
            ISBN 978-3-86644-831-5

Band 020   Pitzer, Benjamin
            Automatic Reconstruction of Textured 3D Models. 2012
            ISBN 978-3-86644-805-6

Band 021   Roser, Martin
            Modellbasierte und positionsgenaue Erkennung
            von Regentropfen in Bildfolgen zur Verbesserung
            von videobasierten Fahrerassistenzfunktionen. 2012
            ISBN 978-3-86644-926-8

Band 022   Loose, Heidi
            Dreidimensionale Straßenmodelle für
            Fahrerassistenzsysteme auf Landstraßen. 2013
            ISBN 978-3-86644-942-8

Band 023   Rapp, Holger
            Reconstruction of Specular Reflective Surfaces using
            Auto-Calibrating Deflectometry. 2013
            ISBN 978-3-86644-966-4

Band 024   Moosmann, Frank
            Interlacing Self-Localization, Moving Object Tracking
            and Mapping for 3D Range Sensors. 2013
            ISBN 978-3-86644-977-0